SCHRIFTEN AUS DEM GESAMTGEBIET DER GEWERBEHYGIENE
HERAUSGEGEBEN VON DER DEUTSCHEN GESELLSCHAFT FÜR GEWERBEHYGIENE
IN FRANKFURT A. M. PLATZ DER REPUBLIK 49
=========== NEUE FOLGE. HEFT 21 ===========

Das Sandstrahlgebläse

unter besonderer Berücksichtigung
der Maßnahmen zur Vermeidung von Schädigungen
bei seiner Verwendung

Im Auftrag des Technischen Ausschusses
der Deutschen Gesellschaft für Gewerbehygiene

unter Mitwirkung von

E. Lehmann **W. Vogel**
Reichsbahnrat Gewerberat
Nied a. Main Halberstadt

bearbeitet von

K. R. Maukisch **H. Sperk**
Oberregierungsgewerberat a. D. Oberingenieur
Leipzig Leipzig

Mit 44 Abbildungen

Berlin
Verlag von Julius Springer
1928

Alle Rechte, insbesondere das der Übersetzung
in fremde Sprachen, vorbehalten.

ISBN 978-3-642-93765-1   ISBN 978-3-642-94165-8 (eBook)
DOI 10.1007/978-3-642-94165-8

Vorwort.

Die Sandstrahlgebläse, welche in den beiden letzten Jahrzehnten des vorigen Jahrhunderts in Deutschland mehr und mehr eingeführt wurden, fanden zunächst nur zum Verzieren, Ätzen und Mattmachen von Glas Verwendung. Bald zeigte sich aber, daß sie auch zu anderen Zwecken vorteilhaft verwendet werden konnten. Infolgedessen eroberten sie sich immer neue Arbeitsgebiete in den verschiedensten Gewerben.

Die technischen Vorzüge der Sandstrahlgebläse sind jetzt allgemein anerkannt, es hat sich aber auch herausgestellt, daß sie für die Gesundheit der daran tätigen Arbeiter recht bedenklich sein können. Ihre Wirkungsweise und die Art ihrer Verwendung bringt es mit sich, daß beim Arbeiten damit große Mengen von Staub entstehen, deren Einwirkung sich die Arbeiter ohne weiteres gar nicht entziehen können. Der Staub besteht zum großen Teil aus feinsten Trümmern des Sandes, also aus reiner kristallinischer Kieselsäure. Er gehört daher zu den gefährlichen Staubarten. Die schlimmen Wirkungen dieses Staubes werden durch die Abhandlung von Dr. med. Ernestine Müller, „Pneumoconiose bei Arbeitern eines Sandgebläses", Zentralblatt für Gewerbehygiene 1928, S. 148, eindringlich vor die Augen geführt.

Die Gewerbeaufsichtsbeamten haben auch schon bald nach der Einführung der Sandstrahlgebläse die Gefahr erkannt, denen die Arbeiter dabei ausgesetzt sind, und nachdrücklich darauf hingewirkt, daß der Staub beseitigt wird oder die Arbeiter in anderer Weise geschützt würden.

So lange der Sandstrahl ausschließlich zum Bearbeiten von kleinen Stücken benutzt wurde, war die Beseitigung des Staubes verhältnismäßig leicht möglich, als man aber dazu überging, auch ganz große Stücke, wie Lokomotivkessel, Häuser und ganze Brücken damit zu bearbeiten, wurde eine wirklich befriedigende Beseitigung des Staubes immer schwerer. Trotzdem ist es meistens — oft nur durch lange und kostspielige Versuche — gelungen, einen Erfolg zu erzielen.

Der Technische Ausschuß der Deutschen Gesellschaft für Gewerbehygiene glaubt daher, daß den beteiligten Kreisen eine vergleichende Zusammenstellung der bisher bekannten Verfahren und Einrichtungen zur Beseitigung des Staubes oder zum Schutz der an den Sandstrahlgebläsen beschäftigten Arbeiter willkommen und nützlich sein könnte. Es ist ihm gelungen, für die Bearbeitung der Frage die Herren Oberregierungsrat Maukisch und Oberingenieur Sperk zu gewinnen, von denen der erstere die Anordnung des Stoffes und die endgültige Redaktion besorgt hat. Später trat als Berichterstatter, soweit Reichsbahnausbesserungswerke in Frage kommen, Herr Reichsbahnrat Lehmann hinzu. Die Berichte wurden in der Sitzung des Technischen Ausschusses am 29. September 1927 in Hamburg besprochen und die beteiligten Arbeitnehmerorganisationen, insbesondere der Deutsche Metallarbeiterverband und Einheitsverband der Eisenbahner Deutschlands, schriftlich um Stellungnahme gebeten. Schließlich hat Herr Gewerberat Vogel noch den Betrag unter III 5e Putzhäuser für große Hohlkörper beigesteuert.

Deutsche Gesellschaft für Gewerbehygiene.

Der Vorsitzende des Technischen Ausschusses:

Dr. Leymann

Geheimer Oberregierungsrat

Für die Maschinenfabriken, welche Sandstrahlgebläse bauen, wurden folgende Abkürzungen gebraucht:

Durlach	= Badische Maschinenfabrik Durlach.
Graue	= Graue Aktiengesellschaft, Langenhagen bei Hannover.
Gutmann	= Alfred Gutmann, Aktiengesellschaft für Maschinenbau, Ottensen-Hamburg.
Hainholz	= Vereinigte Schmirgel- und Maschinenfabriken A.-G., Hannover-Hainholz.
Kabel	= Maschinen- und Werkzeugfabrik Kabel, Vogel & Schemmann A.-G., Kabel i. Westf.
Krautzberger	= Krautzberger & Co., G. m. b. H., Holzhausen bei Leipzig.
Metternich	= Gießereimaschinen-Gesellschaft m. b. H., Düsseldorf-Metternich-Berlin, Metternich bei Koblenz, Rübenacherstr. 89.
Zimmermann	= Maschinenfabrik Gustav Zimmermann, Düsseldorf-Rath.

Die zur Erläuterung beigegebenen Bilder sind lediglich aus Gründen der Anschaulichkeit gewählt und sollen, soweit nicht im Text etwas anderes gesagt ist, keine Empfehlung der Bauart der betreffenden Firma bedeuten.

Inhaltsverzeichnis.

                                                                                       Seite

I. Sandstrahl und Sandstrahlgebläse 1
   1. Geschichtliches und Verwendung 1
   2. Der Sandstrahl 1
   3. Die Sandstrahlgebläse 2
      a) Druckgebläse 2
      b) Sauggebläse 3
      c) Dampfgebläse 4
      d) Vakuumgebläse 5
      e) Sandschlammgebläse 7

II. Schädigungen und Schutzmaßnahmen im allgemeinen . . . 8

III. Die technischen Schutzmaßnahmen 10
   1. Staubfreier Blassand 11
      a) Stahlkies 11
      b) Reinigen des Quarzsandes 12
   2. Atemschutzgeräte 14
   3. Putzstände, Blasgehäuse, Putzhäuser 15
   4. Sandstrahlapparate 18
      a) Aufsätze und Gehäuse 19
      b) Drehtrommeln 20
      c) Drehtische 23
      d) Transporttische 26
   5. Apparate und Einrichtungen für besondere Zwecke 30
      a) Blechentzunderungsmaschinen 30
      b) Rohr- und Rundeisen-Entzunderungsmaschinen 30
      c) Reinigung von Akkumulator-Plattenfahnen 30
      d) Einrichtung zur Reinigung von Lokomotiv-Langkesseln 31
      e) Putzhäuser für große Hohlkörper 33
   6. Entstaubungsanlagen 40
      Exhaustoren und deren Kraftbedarf 43
      Staubabscheider (Sandfangkasten, Staubkammern, Zentrifugalabscheider, Staubfilter, Zyklone und nasse Staubabscheider) 44

IV. Schluß (Hat die Einführung der Sandstrahlgebläse die Schädigungen, insbesondere die Staubgefahr, vermehrt? Weitere Ausgestaltung des Arbeiterschutzes beim Gebrauch der Sandstrahlgebläse. Der Wasserstrahl.) 45

I. Sandstrahl und Sandstrahlgebläse.
1. Geschichtliches und Verwendung.

Die Bearbeitung der Oberfläche von Gegenständen durch Sandstrahl wurde i. J. 1871 dem Amerikaner Benjamin Chew Tilghman patentiert, der das Verfahren zunächst zum Mattieren und Verzieren von Glasgegenständen benutzte. In Deutschland werden Sandstrahlgebläse seit etwa 40 Jahren angewendet und haben namentlich zum Putzen von Eisenguß große Verbreitung gefunden, da der Sandstrahl an diesem selbst bei starken Vertiefungen und Unterschneidungen noch eine vollständige Reinigung erzielt.

Die Sandstrahlgebläse dienen:

a) zum Reinigen und Entfernen von Unreinheiten, Krusten und von zu beseitigenden Überzügen, so zum Putzen von Guß jeder Art wie Grau-, Temper-, Stahl- und Metallguß einschließlich des Ausblasens der Kerne, zum Dekapieren von Metallgegenständen vor der Emaillierung, der Vernicklung usw., zum Entzundern von Blechen, Walzeisen, Preß- und Schmiedeteilen, zum Entfernen von Härterückständen an Feilen und anderen Werkzeugen, zum Reinigen von Eisenkonstruktionen, eisernen Brücken, Schiffskörpern usw., zum Entemaillieren von Badewannen, Kesseln, Töpfen und dgl., zum Reinigen der Akkumulatorenplattenfahnen, zum Abblasen alter Farbanstriche und zum Reinigen von Steinfassaden an Gebäuden, ferner zum Entfernen von Kesselstein aus stationären und Lokomotivkesseln, zum Entrosten von Reparaturteilen,

b) zum Mattieren von Oberflächen und zwar zur Erzeugung entweder von gleichmäßig matten Flächen oder unter Anwendung von Schablonen von gemusterten verzierten Flächen auf Gegenständen aus Glas, keramischen Stoffen, Metall, Zelluloid, Hartgummi, Horn, Holz und Leder,

c) unter Benutzung von Schablonen zur Herstellung von Inschriften und Verzierungen auf Glas, Natur- und Kunststein, bisweilen auch zur Herstellung von Löchern in Glas und Stein und

d) zur Prüfung von Baustoffen auf Abnutzbarkeit.

2. Der Sandstrahl.

Der durch einen Luftstrom bewegte Sand greift alle Stoffe, die nicht wesentlich härter sind als er selbst, an und zwar um so stärker, je spröder die Stoffe sind. In den Sandstrahlgebläsen wird fast ausschließlich Quarzsand (Härtegrad 7 der Härteskala Mohs) seltener Stahlkies benutzt. Die Körnung des Quarzsandes wird nach dem Zweck verschieden gewählt. Zum Putzen mit Freistrahl nimmt man bei Stahlguß die Korngröße von etwa 2 mm, bei Grauguß von etwa $1^1/_2$ mm Durchmesser, zum Putzen in den unten zu besprechenden Apparaten bei Eisen- und Stahlguß etwa die Korngröße 1 bis $1^1/_4$ mm, bei Metallguß und zum Entzundern von Blech etwa die Korngröße $^3/_4$ mm. Zum Mattieren von Metall und Glas wird noch feinerer Sand benutzt. Bei einer gewissen Feinheit greift aber der trockene Sand nicht mehr an, so daß dann der Sand mit Wasser angerührt als Sandschlamm verwendet wird. Durch den Aufprall auf das Arbeitsstück wird ein Teil der Sandkörner zersprengt und zwar etwa 5 bis 8% bis zu Staub. Am wirksamsten soll der Sand sein, der bereits zu 2 bis 3 Arbeitsgängen benutzt wurde, was in dem Umstand begründet erscheint, daß die Sprengstücke scharfkantiger als die ursprünglichen Sandkörner sind. Wenn nun auch die größeren Sprengstücke die Wirkung des Sandstrahls nicht beeinträchtigen, so tun dies doch die zu Staub zersprengten Teile. Aus diesem Grunde wird in die Hebeeinrichtungen, die den verblasenen Sand in die Gebläse zurückfördern, meist eine auch als Schutzmaßnahme beachtliche Windsichtung eingeschaltet. Der Sandstrahl wirkt zwar theoretisch am stärksten, wenn er senkrecht auf das Arbeitsstück gerichtet wird, in der Praxis pflegt man ihm indessen eine gewisse Neigung zu geben, damit die beim genau senkrechten Strahl zurückprallenden Sandkörner die Wirkung nicht beeinträchtigen. Da der Sandstrahl weiche elastische Stoffe weniger als spröde, wenn auch härtere Stoffe angreift, so können bei der Bearbeitung der letzteren Schablonen aus den ersteren verwendet werden, z. B. solche aus Zink oder aus mit Leim und Glyzerin bestrichenem Papier für die Eingravierung von Verzierungen und von Schrift in Glas und Stein. Tiefenwirkungen durch Sandstrahl sind überhaupt nur bei solchen spröden Stoffen wie Glas und Stein, nicht aber bei Metallen möglich.

3. Die Sandstrahlgebläse.

Die Erzeugung des Sandstrahles erfolgt nach einem der folgenden Verfahren:

a) nach dem Luftdruckverfahren, in der Regel kurz Druckverfahren genannt,

b) nach dem Luftsaugverfahren, in der Regel kurz Saugverfahren genannt, mit der Unterart Schwerkraftverfahren,

c) nach dem Dampfsaugverfahren, kurz Dampfverfahren genannt,

d) nach dem Vakuumverfahren und

e) nach dem Sandschlammverfahren.

a) Druckgebläse.

Die meisten Sandstrahlgebläse arbeiten nach dem Druckverfahren, da bei diesem die zur Luftkompression aufgewendete Arbeit am besten ausgenützt wird und vom Gebläse zur Blasdüse eine einfache Schlauchleitung führt, die in der Regel 3 m lang ist, aber bis etwa 80 m lang sein kann und damit einen unbeschränkten Gebrauch des Freistrahls gestattet. Der Sand wird bei diesem System dem von der Druckluft durchströmten Rohre aus einem unter dem gleichen Druck stehenden Behälter zugeführt. Die Arbeitsweise ist folgende: Der luftdichte Behälter A (vgl. Abb. 1) wird durch das Rückschlagventil B, das sich unter dem Sandgewicht öffnet, mit Blassand gefüllt. Dann wird die vom Windkessel des Kompressors kommende Druckluft durch Öffnen des Hahnes C zugelassen. Die Druckluft schließt das Ventil B und setzt den Behälter A unter den gleichen Druck, der in dem Rohre D herrscht. Nach Öffnen des Sandschiebers E gelangt der Sand durch die Öffnung L in das Rohr D, wird von dem Luftstrom mitgerissen und durch den Schlauch G mit dem Strahlrohr H der Blasdüse I zugeführt. Bei einem derartigen Einkammergebläse muß die Arbeit zur Nachfüllung des Sandes unterbrochen werden. Um einen ununterbrochenen Betrieb zu ermöglichen, werden Mehrkammergebläse, die

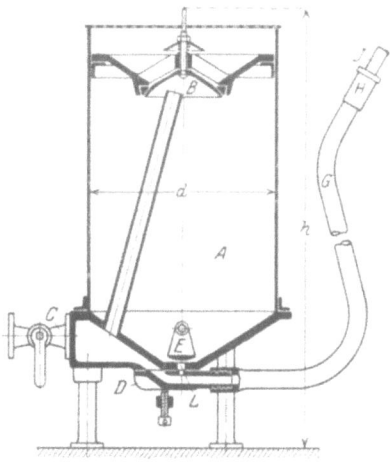

Abb. 1. Schnitt des Modells eines Druckgebläses. (Badische Maschinenfabrik Durlach.)

entweder von Hand zu steuern sind oder sich automatisch regulieren, gebaut, z. B. von der Firma Alfred Gutmann, A.-G. in Ottensen-Hamburg, welche die Druckgebläse erfunden hat und seit 1894 baut. Der von den Kompressoren erzeugte Druck der Druckgebläse schwankt zwischen 0,5 bis 2 Atm. und kann in besonderen Fällen bis 3 und 4 Atm. gesteigert werden. Die Druckgebläse an Blasapparaten arbeiten in gleicher Weise, wenn sie auch diesem Zweck entsprechend etwas anders gebaut sind.

b) Sauggebläse.

Bei diesem von dem Erfinder B. C. Tilghman angewendeten System erzeugt die vom Windkessel kommende Luft, indem sie aus einer engen Öffnung in den erweiterten Raum der Mischdüse tritt, eine Luftverdünnung, vermittelst welcher in einem angeschlossenen Rohr ein Luftstrom entsteht, der den Sand aus einem offenen, unter dem Druck der Außenluft stehenden Behälter zuführt. Unmittelbar an die Mischdüse schließt sich die Blasdüse an, in welcher die aus der engen Öffnung strömende Luft dem Sand die erforderliche Beschleunigung erteilt. Ein einfaches Gebläse nach dem Saugverfahren zeigt die Abb. 2, das der Abhandlung von Knacke „Über Sandstrahlgebläse" in der Zeitschrift „Werkstattstechnik" 1910 entnommen wurde. Die Abbildung läßt deutlich erkennen, wie einfach die Apparatur beim Saugsystem sein kann. Während beim Drucksystem der verbrauchte Blassand in den unter Druck stehenden Behälter einzuschleusen und in der Regel durch ein Becherwerk zu heben ist, wird hier ohne weitere Einrichtungen ein selbsttätiger Sandumlauf erzielt. Diesem Vorteil steht aber ein wesentlich etwa bis 50% ungünstigerer Wirkungsgrad gegenüber.

Dazu kommt der weitere Nachteil, daß sich die Blasdüse unmittelbar an die Mischdüse oder an den Mischraum anschließen muß. Das stört zwar bei der Verwendung in Blasapparaten nicht, wohl aber bei der

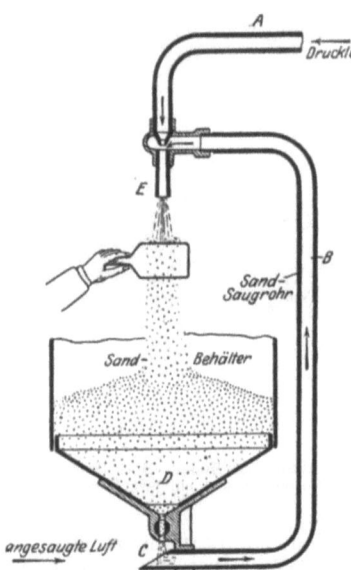

Abb. 2. Einfaches Sauggebläse. (Aus Knacke: Sandstrahlgebläse. Werkstattstechnik 1910.)

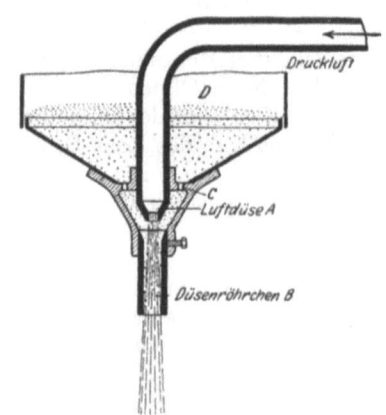

Abb. 3. Sandstrahlgebläse nach dem Schwerkraftsystem. (Aus Knacke: Sandstrahlgebläse. Werkstattstechnik 1910.)

Verwendung als Freistrahl, weil dann anstatt des einen Schlauches beim Drucksystem zwei Schläuche bis an die Blasdüse zu führen sind.

Wenn beim Luftsaugsystem der Sand von oben der Mischdüse zufällt, wird das Verfahren Schwerkraftverfahren oder auch Druckluftverfahren genannt. Ein solches **Schwerkraftgebläse** zeigt die ebenfalls aus der Knackeschen Arbeit entnommene Abb. 3. Der in dem Sandbehälter D aufgespeicherte Sand fällt durch die Öffnungen C in den Raum der Mischdüse und wird von der aus der engen Öffnung A ausströmenden Druckluft erfaßt. Diese Anordnung erfordert in der Mischdüse nur eine geringe Luftverdünnung, arbeitet also wirtschaftlicher als das reine Saugverfahren.

c) Dampfgebläse.

Anstatt Druckluft kann man beim Saugverfahren auch gespannten Dampf (von etwa 4—6 Atm.) verwenden. Hierbei ist, um einen trockenen Sandstrahl zu erzielen, der Dampfstrahl kurz vor seinem Austritt ins Freie abzulenken, was durch einen seitlich zugeführten Luftstrom geschieht, der seinerseits durch einen Dampfejektor erzeugt wird. Dadurch ist in der Nähe der Blasdüse eine etwas schwere Apparatur nötig. Trotzdem liefert die Firma Gutmann diese Gebläse auch als

Abb. 4. Dampfsandstrahlgebläse als Freistrahlgebläse. (Alfred Gutmann A.-G. Ottensen-Hamburg.)

Freistrahlgebläse, wie ein solches Abb. 4 zeigt. Die Dampfgebläse haben den Zweck, in kleineren oder mittleren mit Dampfkessel ausgerüsteten Betrieben die Kosten für die Anschaffung und Unterhaltung einer Kompressoranlage zu ersparen und werden nur selten verwendet.

d) Vakuumgebläse.

Bei dem Vakuumverfahren, das ebenfalls in Amerika kurz nach dem Saugsystem erfunden wurde, wird in einer Kammer, in welche die den Sandluftstrom zuführende rohr- oder schlitzartige Düse mündet, durch einen saugenden Exhaustor oder durch ein Kapselgebläse eine Luftverdünnung erzeugt. Der Sandstrahl bewegt sich infolge des Beharrungsvermögens nach seinem Austritt aus der Düse bis zum Arbeitsstück weiter. In der Regel dient das Arbeitsstück, namentlich wenn eine ebene oder zylindrische Fläche zu bearbeiten ist, als Verschluß der Vakuumkammer. Es gibt auch Apparate, in denen die Vakuumkammer durch einen Deckel verschlossen und das Arbeitsstück, z. B. unterschnittenes Hohlglas, innerhalb der Kammer mechanisch bewegt wird.

Das Vakuumverfahren arbeitet völlig staubfrei, da es im geschlossenen

Raum erfolgt und beim Öffnen der Vakuumkammer die Luftverdünnung und damit der Sandstrahl aufhört. Die noch vorhandene Staubluft wird vom Exhaustor abgezogen. Es sind deshalb besondere technische Schutzmaßnahmen nicht nötig und wird bei der Besprechung dieser unten auf das Verfahren nicht zurückgekommen werden, weshalb an dieser Stelle die Vakuumapparate kurz beschrieben seien. Die Vakuumapparate arbeiten nicht unwirtschaftlich und dienen hauptsächlich zum Mattieren oder zur Verzierung von Glasgegenständen oder zur Anbringung von Schrift auf diesen. Zur Schablonenarbeit eignet sich das Vakuumsystem besonders, weil dabei die Schablonen gut auf dem Arbeitsstück haften. Von dem System gibt es sowohl kleine einfache als auch große bestimmten Zwecken angepaßte leistungsfähige Apparate.

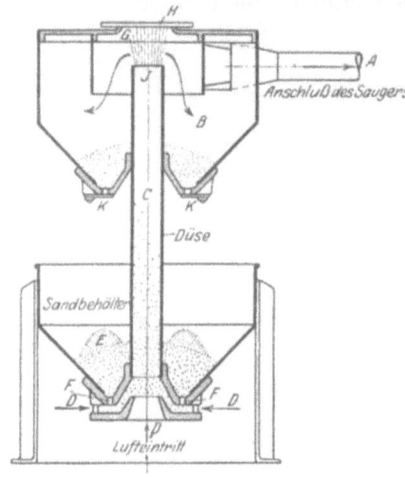

Abb. 5. Einfaches Vakuum-Sandstrahlgebläse. (Aus Knacke: Sandstrahlgebläse. Werkstattstechnik 1910.)

Ein einfacher Appparat (Abb. 5 nach Knacke) arbeitet in folgender

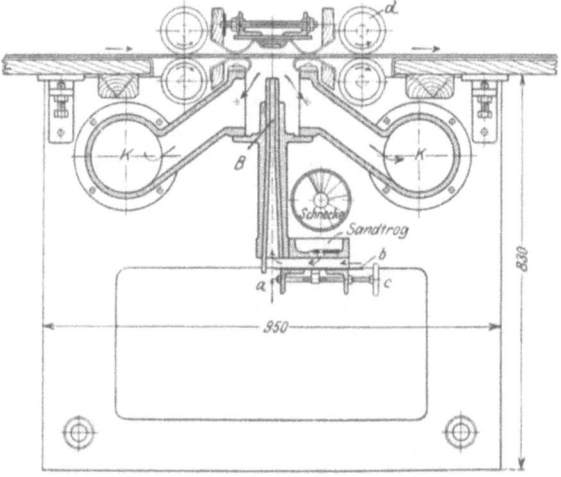

Abb. 6. Schnitt eines Vakuumapparates für Tafelglas. (Aus Knacke: Sandstrahlgebläse. Werkstattstechnik 1910.)

Weise. In der Vakuumkammer B, welche durch das Arbeitsstück H verschlossen wird, erzeugt der an das Rohr A angeschlossene Exhaustor die erforderliche Luftverdünnung, die bewirkt, daß durch das Rohr C

Außenluft nachströmt, die an den Stellen D eintritt. Der aus dem Behälter E durch die regelbaren Öffnungen F zufallende Sand wird mitgerissen und an das Arbeitsstück H geschleudert, während die Luft in Richtung der Pfeile nach dem Absaugstutzen A entweicht. Wird nach beendeter Arbeit das Arbeitsstück H abgenommen, so wird die Luftverdünnung aufgehoben; die Klappen K öffnen sich und der in B angesammelte Blassand fällt in den Behälter E zurück. Die Luftabsaugung ist mit den erforderlichen Vorrichtungen zur Abscheidung des Staubes und des mitgerissenen Sandes versehen. Soll der Sand wiederholt benutzt werden, so ist damit eine Windsichtung verbunden.

Ein großer Vakuumapparat zum Mattieren und zum Mustern von Tafelglas ist in der Abb. 6 nach Knacke in einem Schnitt wiedergegeben. Die Doppellinie über dem Tisch stellt die bearbeitete Glasplatte dar, die von den mit Gummirollen versehenen Transportwalzen d bewegt wird und die Vakuumkammer K mittels federnder Blechstreifen luftdicht abschließt. Die schlitzförmige Blasdüse B reicht über die ganze Breite des Blastisches. Ebenso der Sandtrog, in den eine Schnecke den Blassand gleichmäßig aufgibt. Die den Sand erfassende Luft tritt bei b ein. Durch den verstellbaren Schlitz bei a kann Zusatzluft gegeben werden. Der Sand wird mit dem Staub aus der Vakuumkammer durch den das Gebläse betreibenden Exhaustor abgesaugt und nach Windsichtung wieder der Sandschnecke zugeführt.

e) Sandschlammgebläse.

Die Benutzung von Sandschlamm in Gebläsen wurde von I. E. Mathewson zum Mattieren von Glasgegenständen erfunden, weil selbst der feinste noch verblasbare trockene Sand kein genügend feines Matt erzeugt. Später ist man dazu übergegangen, das Sandschlammgebläse auch zur Entfernung des Hiebgrates und der Härteschlacke frisch gehauener Feilen, zum Nachschärfen stumpf gewordener Feilen, zum Reinigen feiner Werkzeuge und zum Reinigen von Bijouteriewaren zu verwenden. Die Schlammgebläse werden mit Dampf von 4 bis 5 Atm. Spannung betrieben (Druckluft ist weniger wirtschaftlich). Die der Knackeschen Abhandlung entnommene

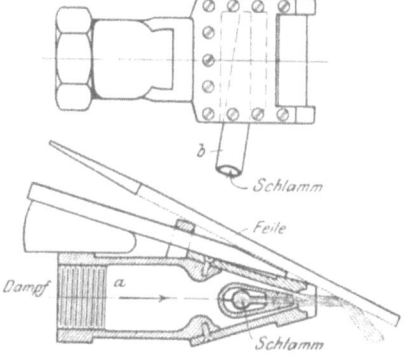

Abb. 7. Strahldüse für Sandschlamm-Gebläse.
(Aus Knacke: Sandstrahlgebläse. Werkstatttechnik 1910.)

Abb. 7 zeigt im Schnitt und in der Draufsicht die gewöhnlich angewendete Blasdüse, welcher der Sandschlamm von einem höher befindlichen Behälter zugeführt wird. Im Schnitt ist auch die bearbeitete Feile und deren Auflage mit angegeben. Blasdüsen nach dem Saugsystem werden für Sandschlamm

8   Schädigungen und Schutzmaßnahmen im allgemeinen.

selten benutzt. Einen kleineren vollständigen Sandschlammgebläse-Apparat der Firma Gutmann zum Abgraten gehauener und zum Nachschärfen stumpfer Feilen stellt Abb. 8 dar. Wie aus dieser Abbildung zu ersehen ist, werden die Sandschlammgebläse in einem Gehäuse untergebracht, aus welchem der Dampf abgesaugt wird, in der Regel durch einen

Abb. 8. Kleineres Sandschlammgebläse zum Abgraten gehauener und zum Nachschärfen stumpfer Feilen der Firma Alfred Gutmann A.-G. Ottensen-Hamburg.

Dampfejektor. Der verblasene Sandschlamm sammelt sich im unteren Teile des Gehäuses und fließt in einen darunter aufgestellten Behälter.

Auch bei dem Sandschlammverfahren erscheinen besondere technische Einrichtungen als Schutzmaßnahmen nicht nötig, weshalb auch auf diese Gebläseart unten nicht zurückzukommen ist.

II. Schädigungen und Schutzmaßnahmen im allgemeinen.

Beim Gebrauch der Sandstrahlgebläse mit Ausnahme der Vakuum- und Sandschlammgebläse tritt Spritzsand und Staub auf. Der Spritzsand besteht aus zurückgeschleuderten Körnern und gröberen Trümmern des Blassandes und aus etwaigen gröberen losgearbeiteten Teilen, der Staub außer aus den feinen Blassandtrümmern und losgearbeiteten Teilen noch aus den feinen Beimengungen des Blassandes, sofern diese nicht vorher entfernt sind. Nach seiner chemischen Beschaffenheit setzt sich der Staub also zusammen aus dem Quarz des Blassandes, aus dem Quarz des Formsandes beim Gußputzen, aus Silikaten bei Bearbeitung von Glas und Steinen, aus kohlensaurem Kalk beim Bearbeiten von Marmor, aus den mineralischen Bestandteilen des Kesselsteins beim Kesselreinigen, aus Eisen und Eisenoxyden beim Abrosten und aus Farbteilen und Schmutzteilen beim Reinigen von Gegenständen. Der Staub ist daher in den meisten Fällen nicht giftig. Eine Ausnahme bildet die Bearbeitung mit bleihaltigen Farben gestrichener oder aus Blei bestehender Gegenstände. Als letztere kommen Akkumulatorenplatten in Frage. Auch der Blassand selbst kann bleihaltig sein und zu Bleivergiftungen Anlaß geben, wenn er aus der Aufbereitung eines Bleibergwerks stammt. Über derartige Bleivergiftungen durch Sand aus der Aufbereitung des Bergwerks zu Mechernich in der Eifel berichtet Dr. Ishart Werner in der Deutschen Medizinischen Wochenschrift. (S. 103 des Jahrgangs 1928.) Bemerkenswert ist dabei, daß der frische Sand 3,2% und der benutzte Sand nur 0,95% Pb enthält, daß also infolge der leichteren Zerreiblichkeit der bleihaltigen Mineralien über zwei Drittel des Bleis in den Staub übergegangen waren. Erschwerend hat der Umstand gewirkt, daß in dem frischen Sand 0,52% und im benutzten Sand 0,34% Pb in 0,4%iger Salzsäure löslich war, mithin der Sand außer dem verhältnismäßig unbedenklichen Bleiglanz andere bleihaltige Mineralien, vermutlich Weißbleierz, enthielt. Derartiger Sand sollte auf keinen Fall in Sandstrahlgebläsen verwendet werden. In allen Fällen ist der Staub infolge der scharfkantigen Beschaffenheit der Quarztrümmer, die seinen Hauptbestandteil bilden, für die Atmungsorgane angreifend.

Gegen den Spritzsand sind die Arbeiter durch Schutzbrillen und geeignete Schutzkleidung und die Umgebung durch Schutzwände oder ausgespannte Tücher zu schützen. Die Schutzkleidung für die Arbeiter an Freistrahlgebläsen soll fest und dicht und an den Ärmel- und Hosenenden mit dichtschließenden Spangen versehen sein. Die Hände sind mit Handschuhen zu bedecken. In manchen Fällen ist das Tragen eines großen Lederschurzes zweckmäßig. Zum Schutz der Umgebung bei den Arbeiten an Häuserfassaden erscheint die von der Firma Durlach empfohlene und in Abb. 9 dargestellte Einrichtung recht zweckmäßig. Die ausgespannten Tücher enden unten in einen trichterförmigen Sack, an den sich ein Schlauch anschließt, der den verblasenen Sand dem Blasapparat zuführt. Bei dem Reinigen von Brücken, eisernen Hallenbauten und anderen großen Eisenkonstruktionen haben ausgespannte Tücher die Umgebung nur wenig geschützt, so daß man sich meist mit einer Absperrung der Arbeitsstelle begnügt und die Hilfsarbeiter mit Schutzhelm oder wenigstens Schutzbrille und Schutzkleidung versieht.

Für den Schutz gegen den Staub kommen folgende Maßnahmen in Frage. Da der frische Sand oft, der gebrauchte Blassand immer Staubteile enthält, ist der Sand und zwar vor jedem neuen Arbeitsgang vom Staub zu reinigen, wodurch eine merkliche Verminderung der Staubgefahr erzielt wird. Die durchgreifendste Schutzmaßnahme ist die Absaugung des Staubes an der Entstehungsstelle, was indessen in vollkommener Weise nur bei Ausführung der Arbeit in geschlossenen Apparaten erreicht wird. Wenn die Arbeit die Anwendung geschlossener Apparate nicht gestattet, ist der Staub wenigstens so abzusaugen, daß er von den Atmungsorganen der Arbeiter ferngehalten wird. Soweit dies nicht ausreichend möglich ist und für staubige Nebenarbeiten sind die Arbeiter mit Atemschutzgeräten auszurüsten. Alle diese technischen Schutzmaßnahmen sollen im nächsten Abschnitt behandelt werden.

Abb. 9. Schutz der Umgebung beim Abstrahlen der Häuserfronten (Durlach.)

An dieser Stelle ist aber der allgemeinen hygienischen Schutzmaßnahmen zu gedenken, die für alle Arten von Staubarbeiten gelten und neben den technischen Einrichtungen auch für die Arbeiter an Sandstrahlgebläsen zu berücksichtigen sind. Die Arbeitsplätze in Fabriken und Werkstätten sollen sowohl durch Tages- als auch durch künstliches Licht gut beleuchtet und gegen Hitze, Kälte und Zugluft geschützt sein. Ausreichende Wasch- und Badeeinrichtungen sowie angemessen eingerichtete Kleider- und Eßräume sind zur Verfügung zu stellen. Auch soweit die Spritzsandgefahr dies nicht erfordert, sind die Arbeiter mit dichter und dichtschließender Schutzkleidung zu versehen. Sehr zu empfehlen ist ein Wechsel in der Arbeit derart, daß in angemessenen Zeitabschnitten die Staubarbeit durch eine staubfreie Beschäftung abgelöst wird. Ferner ist die Verabreichung von Milch, etwa ein Liter täglich für den Mann, ratsam.

III. Die technischen Schutzmaßnahmen.

Besondere technische Schutzmaßnahmen gegen Staub sind bei den Druck-, Saug- und Schwerkraft-Sandstrahlgebläsen, die entweder als Freistrahlgebläse oder in der Form von Sandstrahlblas-Apparaten angewendet werden, erforderlich. Das Gleiche gilt für die selten vorkommenden Dampf-Sandstrahlgebläse. Bei der Anwendung des Freistrahles wird der Schlauch mit der Blasdüse in gleicher Weise von Hand geführt wie das Spritzrohr des Gärtners oder Feuerwehrmannes oder wie die Spritzpistole beim Spritzlackverfahren, mit dem das Freistrahlverfahren eine gewisse Ähnlichkeit hat, was auch dadurch zum Ausdruck kommt, daß man zur Instandhaltung von eisernen Brücken und anderen Eisenkonstruktionen bisweilen dieselbe Apparatur nach Auswechslung der ausstrahlenden Teile erst mit Sand zur Entfernung des alten Anstriches und Rostes und dann mit Farbe zum Auftrag des neuen Anstrichs benutzt. Der Freistrahl ist hinsichtlich der Staub- und Spritzsandgefahr die ungünstigste Arbeitsmethode. Er wird aber sehr häufig angewendet, weil er die umfassendste Arbeitsmethode darstellt, mit welcher fast alle Sandstrahlarbeiten ausgeführt werden können. In vielen Fällen ist der Freistrahl die einzig mögliche Arbeitsmethode, nämlich erstens zum Abstrahlen großer, sperriger und sehr schwerer Gegenstände sowohl in der Werkstatt (stationäre Kessel und Lokomotivkessel an den Außenflächen), als auch namentlich im Freien (Häuserfassaden, Brücken, usw.) und zweitens in den Fällen, in denen eine besonders starke Wirkung an einzelnen besonders auch unterschnittenen und schwer zugänglichen Stellen erzielt werden muß, ebenso bei Lokomotivfeuerbuchsen innen und der Feuerbuchsdecke im Stehkessel. Außerdem sind die Freistrahlgebläse in kleineren und mittleren Betrieben wegen der billigen Anschaffungskosten und der vielseitigen Verwendbarkeit auch für solche Zwecke beliebt, für welche die Massenfabrikation Blasapparate anwendet.

Die meisten Freistrahlgebläse arbeiten aus den oben unter 3a angeführten Gründen nach dem Drucksystem; doch finden auch Freistrahlgebläse nach dem Saug-, Schwerkraft- und Dampfsystem stellenweise im Werkstattbetrieb Anwendung. Für die Schutzmaßnahmen bedingt das Blassystem keinen beachtlichen Unterschied.

1. Staubfreier Blassand.

a) Stahlkies.

Der staubfreieste Sand ist der aus Stahlkörnern von runder oder zackiger Form bestehende Stahlkies. Er enthält keinen Staub, splittert bei der Blasarbeit infolge seiner Zähigkeit keinen Staub ab und kann wegen seines hohen spezifischen Gewichts von dem aus den Arbeitsstücken stammenden Staub leicht durch Windsichtung völlig befreit werden. Der Stahlkies läßt sich in allen Druck- und Schwerkraftgebläsen verblasen, wenn vielleicht auch in manchen Fällen ein höherer Druck des Kompressors nötig sein wird.

Die Firma Krupp verwendet Stahlkies in der Mehrzahl ihrer Sandstrahlgebläse. Auch die A. E. G. in Berlin ist nach einem Aufsatz von Marineoberbaurat a. D. Schulz in der Zeitschrift „Die Chemische Fabrik" (Teil B der Zeitschrift des Vereins Deutscher Chemiker, Jahrgang 1928

S. 146) im Jahre 1927 dazu übergegangen, die Reinigung von benutzten Zahnrädern durch Bestrahlen mit Stahlsand vorzunehmen, nachdem Versuche ergeben hatten, daß der Stahlkies eine völlig reine Oberfläche erzeugt, während der Quarzsand stark in die Oberfläche einschlägt und auf dieser eine zwar leichte aber schwer entfernbare Staubschicht hinterläßt. Die für den gleichen Zweck erforderliche Wochenmenge habe beim Stahlkies 100 kg zum Preis von 43 M. und beim Quarzsand 3 cbm zum Preis von 45 M. betragen. Dabei seien beim Stahlkies die Anlagekosten geringer, weil für diesen bei gleicher Leistung die Behälter, Entstaubungs-, Luftreinigungs- und Sandfördereinrichtungen kleiner sein könnten. Auch wird eine billigere Handhabung im Betriebe und eine bequemere und einfachere Lagerung als Vorteil angegeben. Für den angegebenen Zweck arbeite das Sandstrahlgebläse mit Stahlkies so staubfrei, daß es selbst in den dafür sehr empfindlichen Werkstätten für die Wickelungen von Motoren benutzt werden könnte.

Sonst hat sich der Stahlkies noch nicht recht eingeführt. Anscheinend schreckt der hohe Preis von 425 M. für die Tonne ab, obschon bei dem geringen Verschleiß und der leichten Wiedergewinnbarkeit die Anschaffungskosten nicht ins Gewicht fallen und nach den obigen Erfahrungen der A. E. G. die tatsächlichen Betriebskosten geringer sind. Selbstverständlich kann der Stahlkies wegen der erforderlichen Wiedergewinnung nur in geschlossenen Apparaten oder in Blasgehäusen, Putzhäusern und auf Putzständen verwendet werden. Dem Stahlkies wird zwar vorgeworfen, daß er gegen Feuchtigkeit empfindlich sei und daß er, wenn er Rost angesetzt habe, sich in den Sandstrahlgebläsen festsetzen könne, sowie daß beim Gußputzen in den Kernlöchern, Ecken und Poren Eisenkörner sitzen blieben. Das sollte aber nicht abhalten, den Stahlkies in weit größerem Umfange als bisher anzuwenden. In sehr vielen Fällen wird die Arbeit mit ihm nicht nur die Staubgefahr wesentlich vermindern, sondern auch wirtschaftliche Vorteile bieten.

b) Reinigen des Quarzsandes.

Der Blassand kann von den staubbildenden Teilen durch Waschen mit Wasser befreit werden. Da aber der Sand in den Sandstrahlgebläsen vollkommen trocken sein muß, zieht man für den schon gebrauchten Sand in allen Fällen und für den frischen zumeist das trockene Verfahren der Windsichtung vor. Man läßt den zu reinigenden Sand in einem dünnen aber breiten Strahle herabrieseln und von einem starken Luftstrom durchströmen, welcher den Staub mit sich führt, während die groben Sandkörner senkrecht weiter fallen. Eine einfache an die Staubabsaugung angeschlossene Windsichtung zeigt Abb. 10. Der vom Baggerwerk gehobene Sand rieselt über schräg gestellte Bleche und wird beim Fallen von einem zum andern durch die vom Exhaustor angesaugte Luft durchströmt, welche die leichteren Teile mit sich führt. Die Wirkung des Exhaustors wird in der dargestellten Einrichtung noch durch einen Luftejektor verstärkt.

Eine besondere Vorrichtung zur Entstaubung des Blassandes hat sich die Fa. Krautzberger unter Nr. 315685 Kl. 67 b patentieren lassen.

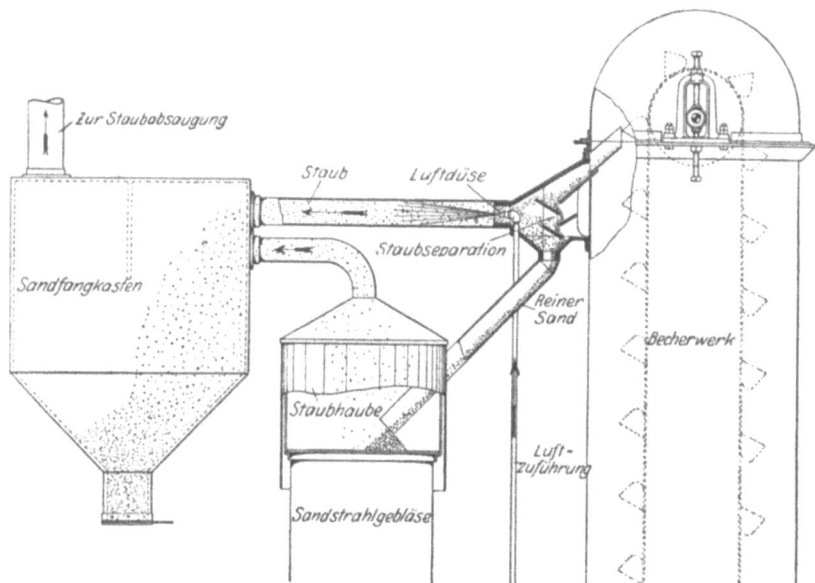

Abb. 10. An Staubabsaugung angeschlossene Windrichtung. (Gutmann.)

(Abb. 11). Der mit einem Sandhebewerk in der Richtung c von unten ankommende Sand wird von den Bechern 1 in den feststehenden

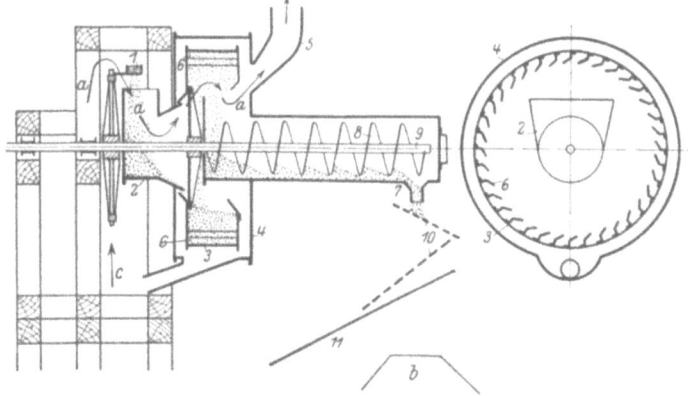

Abb. 11. Vorrichtung zum Entstauben des verbrauchten Sandes bei Sandstrahlgebläsen. (Krautzberger.)

Trichter 2 eingeschüttet, von dem er in die drehbare von dem feststehenden Gehäuse 4 umgebene Trommel 3 rutscht. Die Trommel 3 sitzt auf der Welle 9 und trägt im Innern die zahlreichen Sandschaufeln 6.

Der aus diesen in breitem Strahl herabfallende Sand wird von dem durch Pfeile angedeuteten Luftstrom, der von einem an das Rohr 5 angeschlossenen Exhaustor erzeugt wird, durchströmt. Die Welle 9 der Trommel 3 trägt in ihrer Verlängerung die Transportschnecke 8, die den gereinigten Sand der Verwendungsstelle zuführt. Dabei kann der Sand zum Zurückhalten grober Teile über die Sortiersiebe 10 laufen, um dann in den Sandstrahlkessel b zu fallen. Man kann den Sand auch durch Einschalten der Rutschbahn 11 nochmals in das Sandhebewerk leiten, um ein wiederholtes Durchblasen des Sandes vorzunehmen.

2. Atemschutzgeräte.

Als Atemschutz bei Sandstrahlgebläsen werden in der Regel Schutzhelme und nur selten Respiratoren verwendet, weil nicht nur die Atmungsorgane vor Staub, sondern auch Nacken, Hals, Gesicht und namentlich die Augen vor dem Spritzsand zu schützen sind. Die Schutzhelme besitzen entweder für die eintretende Atmungsluft wie die Respiratoren ein Staubfilter oder es wird ihnen Frischluft von einer staubfreien Stelle durch einen besonderen Schlauch zugeführt. Zum Sehen dient entweder eine Glasscheibe oder ein feinmaschiges Drahtgeflecht, das zumeist gleichzeitig als Durchgang für die Einatmungs- und Ausatmungsluft und für die erstere als Staubfilter dient. Bei den Helmen mit Frischluftzuführung soll die Spannung der zugeführten Luft nicht höher als 50 bis 75 cm Wassersäule sein. Am besten wird zu ihrer Beschaffung ein besonderer Ventilator, der keinen höheren Druck erzeugt, benutzt. Wo ein solcher z. B. bei der Außenarbeit nicht beschafft werden kann, ist ein gutes Reduzierventil mit besonderer Zuleitung zum Helm anzuwenden.

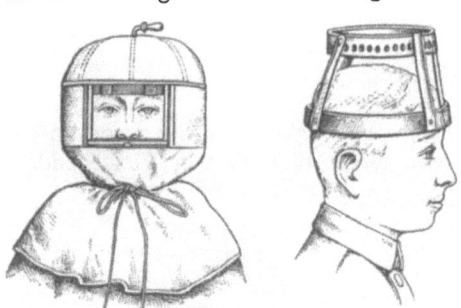

Abb. 12. Staubschutzhelm. (Krautzberger.)

Zu empfehlen ist, die Zuführungsluft durch ein Wattefilter zu leiten und an der Austrittstelle im Helm durch Leitblech oder Drahtsieb zu verteilen, damit nicht ein einzelner Kopfteil von dem gesamten Luftstrahl getroffen und in schädlicher Weise abgekühlt wird. Wenn auch der Zuführung von Druckluft der Vorwurf gemacht wird, sie könne die Augen schädigen, so dürfte die Gefahr bei der Einhaltung des angegebenen Druckes nicht groß sein. Jedenfalls werden Helme mit Frischluftzuführung am leichtesten ertragen und es ist kein besseres Schutzmittel bekannt. Die Helme sollen tunlichst leicht und mit Hals- und Nackenschutz aus Stoff oder Leder versehen sein. Die Herstellerfirmen von Sandstrahlgebläsen führen Schutzhelme in verschiedenen Ausführungen aus Leder oder Aluminium. Einen Schutzhelm mit Stoffbezug der Fa. Krautzberger zeigt Abb. 12. Der Kopfring des Traggestells ist für die verschiedenen Kopfweiten verstellbar. Der obere Ring enthält ein Sieb zur Verteilung des Luftstroms. Zum Austritt der Luft dient das Gewebe des Helmbezugs. Die Glasscheibe, die durch Spritzsand getrübt wird, ist leicht auswechselbar.

3. Putzstände, Blasgehäuse, Putzhäuser.

Die Übelstände des Freistrahles können, soweit es sich um Arbeiten in der Werkstatt und nicht um zu große, sperrige oder besonders schwere (etwa über 5000 kg schwere) Stücke handelt, durch

Abb. 13. Blasgehäuse der Alfred Gutmann A.-G. Ottensen-Hamburg.

Blasgehäuse, oder durch Putzhäuser behoben oder auf einen erträglichen Grad herabgemildert werden, wobei unter Blasgehäusen solche Einrichtungen zu verstehen sind, bei denen der schlauchführende Arbeiter sich außerhalb des Schutzgehäuses befindet und unter Putzhäusern solche, bei denen der Schlauchführer innerhalb des Schutzgehäuses steht und in anderer Weise vor Spritzsand und Staub geschützt wird. Diese Einrichtungen haben zugleich den Zweck, den verblasenen Sand aufzufangen und zur Wiederverwendung zu sichten und zu heben. Nur dem letzteren Zweck dienen die Putzstände, welche die Staub- und Spritzsandgefahr nur wenig verringern.

a) Die Putzstände bestehen aus einer mit starken Rosten bedeckten Grube, in der sich der verblasene Sand sammelt, der von einem mit Windsichtung versehenen Becherwerk gehoben und dem Sandstrahlgebläse wieder zugeführt wird. Meist sind die für die Bearbeitung schwerer Gegenstände bestimmten Putzstände mit Schienen und Drehscheibe oder anderen Transporteinrichtungen ausgestattet. Da die Putzstände ohne Schwierigkeit und innerhalb der Grenzen der Wirtschaftlichkeit durch Blas- oder Putzhäuser mit einer besser wirkenden Staubabsaugung ersetzt werden können, sind sie als Schutzmaßnahme abzulehnen. Die Arbeiter an ihnen sind mit einem guten Staubschutzhelm zu versehen.

b) Die Blasgehäuse sind geschlossene Räume, in denen die Arbeitsstücke auf einem Roste liegen, durch den der verblasene Sand fällt. Meist wird die Staubluft oben abgesaugt. Der Schlauchführer ist um so mehr vor dem Herausdringen von Staub geschützt, je rascher die Außenluft durch die Öffnung nachströmt, welche zur Durchführung des Spritzschlauches und bisweilen auch gleichzeitig zur Beobachtung dient, also je kleiner die Öffnung ist. Gutmann (Abb. 13) hat die Aufgabe so gelöst, daß er die Wand mit einer schlitzartigen Öffnung versieht und sie auf Rollen verschiebbar einrichtet. Die Aufgabe und Abnahme der Arbeitsstücke erfolgt durch eine Tür auf der gegenüberliegenden Seite.

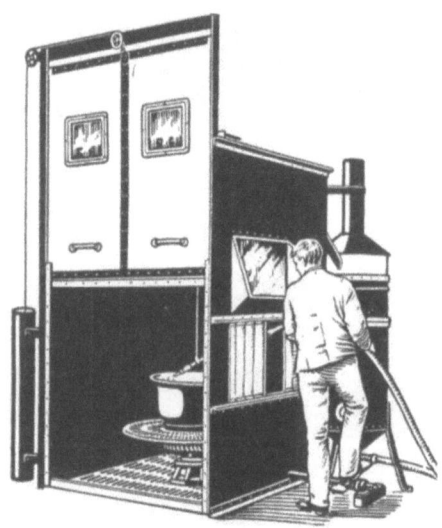

Abb. 14. Blasgehäuse der Maschinen- und Werkzeugfabrik Kabel, Vogel & Schemmann A.-G. Kabel i. W.

Um zur Beschleunigung der Arbeit das Abnehmen von geblasenen und das Auflegen von rohen Arbeitsstücken zu ermöglichen, während eine dritte Serie geblasen wird, kann ein solches Blasgehäuse mit einem Drehboden, der eine senkrechte Mittelwand trägt und nach Art der unten beschriebenen Drehtische eingerichtet ist, versehen werden. Kabel (Abb. 14) hat ein besonderes Beobachtungsfenster angebracht und läßt den Schlauch durch eine Queröffnung führen, die durch einen Gummivorhang oder in ähnlicher Weise abgeschlossen ist. Das dargestellte Gehäuse besitzt einen von außen mit dem Fuße zu bewegenden Drehtisch. Man kann bei solchen Gehäusen, allerdings unter Verzicht auf eine Sichtung des Sandes, das Sandstrahlgebläse auch unter dem Gehäuse aufstellen, damit der Sand ohne Hebewerk in den Aufgabetrichter des Gebläses zurückfällt. Graun saugt die Staubluft mit dem Sande nach unten ab und hebt den Sand

Putzstände, Blasgehäuse, Putzhäuser. 17

mit diesem Luftstrom wieder zurück. Die Blasgehäuse mit feststehenden, mechanisch bewegten und pendelnd aufgehängten Blasdüsen werden unten im Abschnitt Apparate Erwähnung finden.

c) Die Putzhäuser mit dem Stand des Strahlführers innerhalb des Schutzhauses sind für solche Arbeitsstücke bestimmt, die wegen ihres großen Gewichtes (etwa bis 5000 kg) oder wegen der Schwierigkeit der Arbeit nicht mehr in Blasgehäusen und selbst nicht in Blashäusern von außen sich bearbeiten lassen. Oft treffen beide Umstände zusammen: großes Gewicht des Arbeitsstückes und die Notwendigkeit, daß der Strahlführer frei beweglich in unmittelbarer Nähe des Arbeitsstückes stehen muß. Die Aufgabe, den strahlführenden Arbeiter durch die Entlüftungsanlage des Putzhauses genügend vor Staub und Spritz-

Abb. 15. Putzhaus der Firma Alfred Gutmann A.-G. Ottensen-Hamburg.

sand zu schützen, ist nicht leicht zu lösen. Ein Putzhaus der Firma Gutmann wie ein solches bereits 1911 auf der Hygiene-Ausstellung in Dresden gezeigt wurde, ist auf Abb. 15 dargestellt. Das Putzhaus ist in der Mitte durch eine Querwand geteilt, die aber durch eine große freie Öffnung unterbrochen ist. Ungefähr in dieser Öffnung steht der Arbeiter. Die Querwand besitzt oben, unten und zu beiden Seiten der Öffnung lange Schlitze für die nachströmende Frischluft. In der gegenüberliegenden Außenwand oben befindet sich eine längere schlitzartige Öffnung, die in eine Absaugdüse übergeht, an welche der Exhaustor angeschlossen ist. Durch diese Anordnung der Luft-Zu- und Abführungsschlitze wird eine staubfreie Zone erzeugt, in welcher sich der Kopf des Arbeiters befindet. Ähnlich ist das Putzhaus der Firma Zimmermann, das aber nur einen Luftzuführungsschlitz unten und in der freien Öffnung der Querwand eine Zelluloidplatte besitzt, die den Kopf des Arbeiters vor Spritzsand schützen soll (Abb. 16). Diese Firma legt Wert darauf, daß der absaugende Exhaustor große Luftmengen mit niedriger Spannung bewältigt. Die Putzhäuser anderer Firmen sind mit Staubabsaugung entweder nach oben oder nach unten versehen, für die aber gleichzeitig der Gebrauch eines Schutzhelmes empfohlen wird. Die Putzhäuser sind mit Sandhebe- und Sandsicht-Vorrichtungen und meist mit Schienen und Drehscheibe zum Transport der Arbeitsstücke ausgestattet.

Abb. 16. Putzhaus der Maschinenfabrik Gustav Zimmermann, Düsseldorf-Rath.

Eine Beschreibung von Putzhäusern für große Hohlkörper findet sich noch unten im Abschnitt 5e.

4. Sandstrahlapparate.

Unter dem Begriff Sandstrahlapparate werden hier alle die Einrichtungen zusammengefaßt, welche im Gegensatz zum Freistrahl feststehende oder mechanisch bewegte oder pendelnd aufgehängte Strahldüsen besitzen, wobei pendelnd aufgehängte, von Hand bewegte Strahldüsen einen Übergang zum Freistrahlgebläse bilden. Von den Erzeugungsarten des Sandstrahls werden in den Apparaten alle angewendet. Die bereits oben unter I 3 d und e besprochenen Anwendungsformen des Vakuum- und Sandschlammverfahrens gehören ebenfalls zu den Sandstrahlapparaten. Am wenigsten werden die Dampf- und die Sandschlammgebläse, am häufigsten die Druckgebläse benutzt, doch sind die Gebläse nach dem Saug- und Schwerkraftverfahren gleichfalls viel an den Apparaten verwendet.

Die Sandstrahlapparate sind zwar meist in erster Linie zur Rationalisierung der Arbeit konstruiert worden, sie nehmen aber durchgängig auf die Verhütung der Staubgefahr Bedacht, so daß sie als Schutzmaßnahmen anzusprechen sind. In der Sandstrahlbläserei ist der Grundsatz anerkannt, daß ein ausreichender Staubschutz die Leistungsfähigkeit des Arbeiters steigert und die Güte der Arbeit verbessert. Bisweilen wird indessen aus mehr oder minder beachtlichen Sparsamkeitsrücksichten gegen diesen vernünftigen Grundsatz verstoßen.

Die Sandstrahlapparate lassen sich in folgende Gruppen einteilen:
a) Aufsätze und Gehäuse,
b) Drehtrommeln,
c) Drehtische, und
d) Tranporttische mit geradliniger Bewegung.

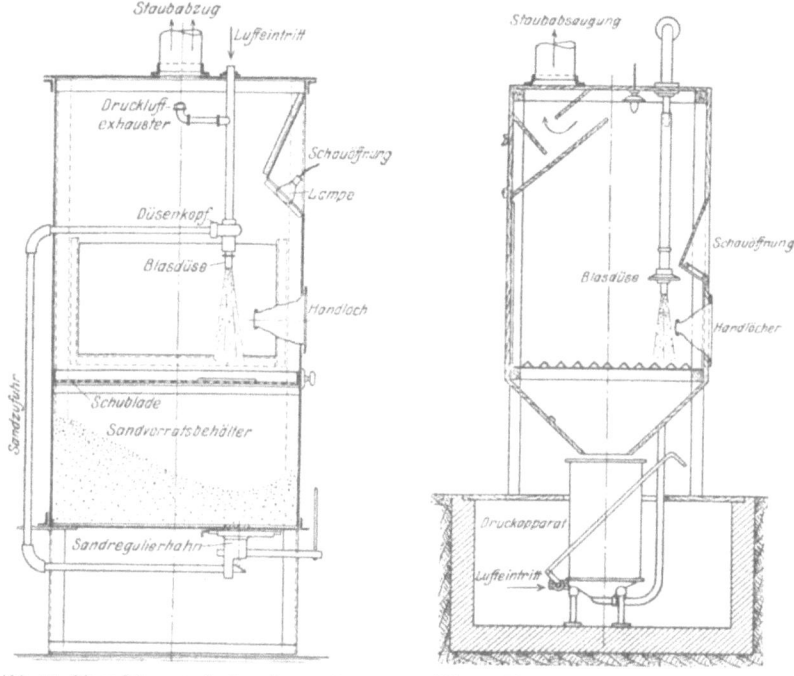

Abb. 17. Blasgehäuse nach dem Saugsystem der Badischen Maschinenfabrik Durlach.

Abb. 18. Blasgehäuse nach dem Drucksystem der Badischen Maschinenfabrik Durlach.

a) Aufsätze und Gehäuse.

In den Aufsätzen und Gehäusen wird das Arbeitsstück vor der feststehenden Strahldüse von Hand geführt. Die Hände des Arbeiters, die durch Gummihandschuhe gegen den Sandstrahl zu schützen sind, reichen durch Handlöcher, die zum besseren Abschluß mit Lederstulpen oder kreuzförmig geschlitzten Gummiklappen versehen sind. Die Gehäuse sind innen erleuchtet, meist durch elektrische Lampen. Der Arbeiter beobachtet die Arbeit durch ein in Gesichtshöhe angebrachtes Schaufenster. Die Staubluft wird von einem Exhaustor abgesaugt. Für leichtere Arbeiten, z. B. zum Mattieren von Metallgegenständen und zum Putzen von Metallguß, wird wegen des selbsttätigen Sandumlaufs gern das in Abb. 2 dargestellte Saugverfahren angewendet. Auch die Erfinderin des Druckverfahrens, die Firma Gutmann, stellt Blasgehäuse mit Sauggebläse her. Das in Abb. 17 dargestellte Blasgehäuse der Firma Durlach läßt die Anordnung eines Sauggebläses in Übereinstimmung mit Abb. 2 erkennen. Die Staubabsaugung erfolgt durch einen von der gleichen Luftleistung gespeisten Luftejektor, die angegebene Lampe befindet sich neben dem Schaufenster.

Abb. 19. Blasgehäuse nach dem Drucksystem mit von außen verstellbarer Blasdüse für sperrige Gegenstände der Alfr. Gutmann A.-G. Ottensen-Hamburg.

Für stärkere Wirkungen benutzt man Druckgebläse. Blasgehäuse mit solchen werden in verschiedenen Größen und in verschiedenen dem jeweiligen Zweck angepaßten Formen hergestellt. Bei kleineren Blasgehäusen, die man dann Aufsätze zu nennen pflegt, werden die Sandstrahlgebläse unter dem Gehäuse aufgestellt. Ein solches der Firma Durlach zeigt Abb. 18. Ein größeres Blasgehäuse der Firma Gutmann aus Holz, in welchem die Blasdüse von außen während der Arbeit verstellt werden kann, ist in Abb. 19 dargestellt.

b) Drehtrommeln.

Die mit Sandstrahlgebläse betriebenen Drehtrommeln sind wirksame, wirtschaftlich und dabei gut staubfrei arbeitende Maschinen, die zum Putzen von Guß aller Art sowie zum Entzundern und Dekapieren gepreßter, gestanzter und geschmiedeter Teile bis zum Gewicht von etwa 25 kg (nach anderen Angaben bis 35 kg) dienen. Die Trommeln haben durchlochte starke eiserne Mäntel. Sie machen nur 1 bis 2 Umdrehungen in der Minute, weil die Arbeitsstücke durch die Drehung nur gewendet und nicht wie in den gewöhnlichen Rollfässern gleichzeitig gescheuert werden sollen, was vielmehr der Sandstrahl besorgt. Die Trommeln besitzen entweder hohle Drehachsen oder laufen auf Tragrollen und haben dann Öffnungen in der Mitte der Stirnwände. Durch diese oder durch die hohlen Achsen blasen die Sandstrahldüsen, welche entweder zur Bestrahlung der ganzen Trommellänge mechanisch bewegt werden oder feststehend sind. Im letzteren Falle wird durch besondere Einrichtungen durch Leitschienen in der Trommel, schräg-

Abb. 20. Drehtrommel. (Gutmann.)

gestellte Stirnwände oder durch Schrägstellung der Trommel für eine Hin- und Herbewegung der Arbeitsstücke in der Richtung der Trommelachse gesorgt. Die Gebläse arbeiten nach dem Druck- oder Schwerkraftsystem. Der Mantel besitzt eine über seine ganze Länge reichende und durch einen abnehmbaren Deckel verschlossene Öffnung, durch welche die Beschickung und Entleerung, letztere durch die Umdrehung der Trommel selbsttätig, erfolgt.

Fast jede der Sandstrahlgebläse herstellenden Fabriken hat ihre eigne Konstruktion. Diese vielen Bauarten zu erläutern würde zu

22   Die technischen Schutzmaßnahmen.

weit führen und ist auch garnicht nötig, weil der Grund der staubfreien Arbeitsweise überall der gleiche ist. Die Trommeln laufen in einem dichten mit Staubabsaugung versehenen Gehäuse, das nur zum Entleeren und Beschicken der Trommel geöffnet wird. Während dieser Zeit wird der Sandstrahl abgestellt. Solange der Sandstrahl arbeitet, hat der Arbeiter nichts an der Maschine zu tun. Es seien deshalb hier nur einige Beispiele kurz erwähnt, ohne daß damit ein Werturteil über diese oder über die nicht berücksichtigten abgegeben werden soll.

Die Drehtrommel Abb. 20 hat eine feststehende Düse. Die Hin- und Herbewegung der Arbeitsstücke wird durch die schräg gestellten

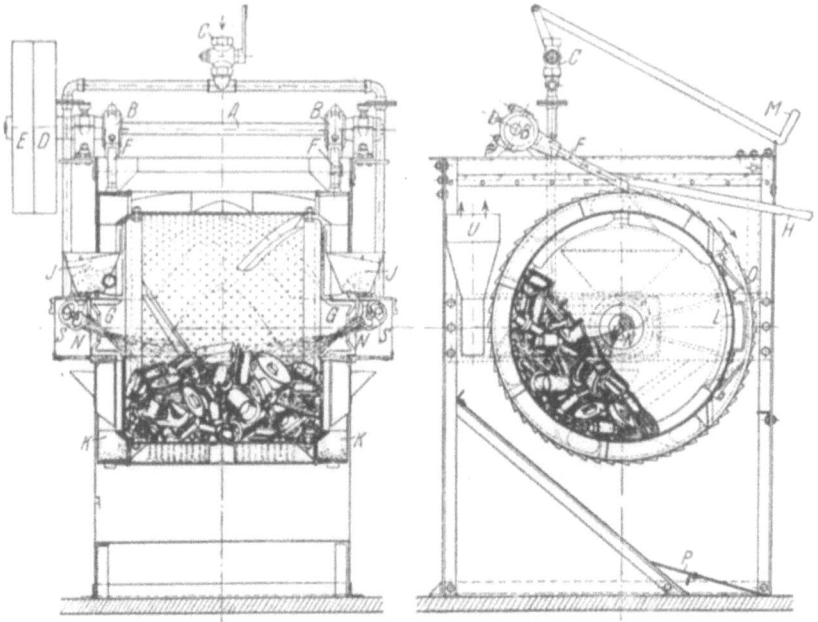

Abb. 21. Drehtrommel der Bad. Maschinenfabrik Durlach.

Stirnwände erreicht. Die Drehtrommel der Firma Kabel hat gerade Stirnwände. Dafür ist die gekrümmte Strahldüse beweglich und wird mechanisch auf und ab bewegt, so daß die ganze Trommellänge bestrichen wird. In beiden Fällen sind Druckgebläse verwendet, liegen die Trommeln auf angetriebenen Tragrollen und wird der verblasene Sand durch ein Becherwerk zurückgehoben. Die Drehtrommel Abb. 21 besitzt zwei durch die hohlen Drehachsen blasende feststehende Blasdüsen, die nach dem Schwerkraftsystem arbeiten. Die Hin- und Herbewegung der Arbeitsstücke besorgen im Trommelmantel eingebaute Leitschienen. Die Bewegung der Trommel wird durch die Klinken F bewirkt. Die Trommel hat außer dem durchlochten Mantel noch einen zweiten dichten äußeren. In den Zwischenraum fällt der verblasene

Sand und gelangt durch Leitbleche in die Schöpfräder K, die ihn in die Behälter G für die Blasdüsen auswerfen. Diese letztere Drehtrommel wird in drei Größen von 1000, 800 und 600 mm Trommeldurchmesser gebaut, während andere Firmen für kleinere Gegenstände besondere Zwergdrehtrommeln herstellen.

c) Drehtische.

Zum Bestrahlen von größeren Stücken, als die Drehtrommeln bearbeiten können, und zwar für Stücke bis etwa 400 mm Höhe, dienen die Drehtische. Das sind kreisrunde, an einer starken senkrechten Welle befestigte, und Roste als Tischfläche besitzende Tische, die sich so langsam drehen, daß die Arbeitsstücke während des Ganges aufgelegt, gewendet und abgenommen werden können. Diese Arbeiten werden auf der einen freistehenden Hälfte besorgt, während die andere Hälfte von einem Gehäuse überbaut ist, in welchem sich die Strahldüsen befinden. Der Durchgang ist mit einfachen oder doppelten in Streifen geteilten Gummivorhängen oder Ledervorhängen abgeschlossen. Die nach dem Druck- oder Schwerkraftsystem arbeitenden Strahldüsen kreisen oder werden auf andere Weise so bewegt, daß alle Tischstellen gleich stark bestrahlt werden, wobei dem Umstand Rechnung getragen wird, daß die äußeren Tischteile sich rascher als die inneren bewegen und dementspre-

Abb. 22. Drehtisch mit kreisenden Düsen nach dem Drucksystem und zwei Absaugrohren.
Alfred Gutmann A.-G. Ottensen-Hamburg.

chend mehr Sand erhalten müssen. Die Sandgebläse sind oft zur Erzielung kurzer Wege für die Sand führenden Rohre auf dem Gehäuse angeordnet. Die Absaugung der Staubluft erfolgt nach oben, bei den größeren Tischen durch zwei Rohre. Unter dem freien Tischteil be-

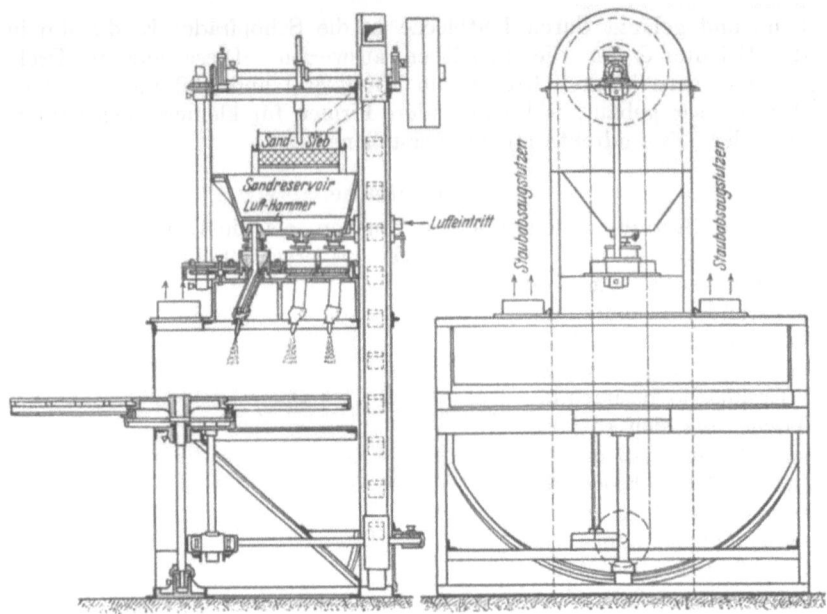

Abb. 23. Drehtisch mit kreisenden Schwerkraftdüsen und 2 Staubabsaugrohren. (Durlach.)

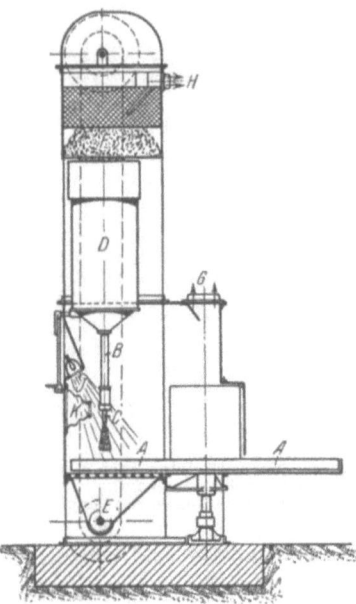

Abb. 24. Drehtisch mit von Hand bewegter Düse. (Durlach.)

findet sich ein Sandfang, der den noch hier durchfallenden Sand zu dem im überdeckten Tischteil fallenden Blassand führt, von wo aus der gesamte Sand von einem mit Windrichtung versehenen Becherwerk gehoben wird. Die Drehtische arbeiten im allgemeinen befriedigend staubfrei und die neuen in Streifen geteilten Vorhänge oder Schutzklappen, namentlich die doppelten halten auch den Spritzsand befriedigend auf. Die abgenützten Vorhänge tun dies nicht genügend und die Arbeiter, die im Gegensatz zu der Beschäftigung an Drehtrommeln während des Ganges des Sandstrahlgebläses dauernd an dem Apparat zu tun haben, sind mindestens mit Schutzbrillen zu versehen. Das Gleiche gilt auch für die nachstehend behandelten Transporttische.

Abb. 22 zeigt die Ansicht eines nach dem Drucksystem, Abb. 23 die

Schnitte eines nach dem Schwerkraftsystem arbeitenden Drehtisches. Außer den großen Drehtischen werden auch Klein- und Zwergdreh-

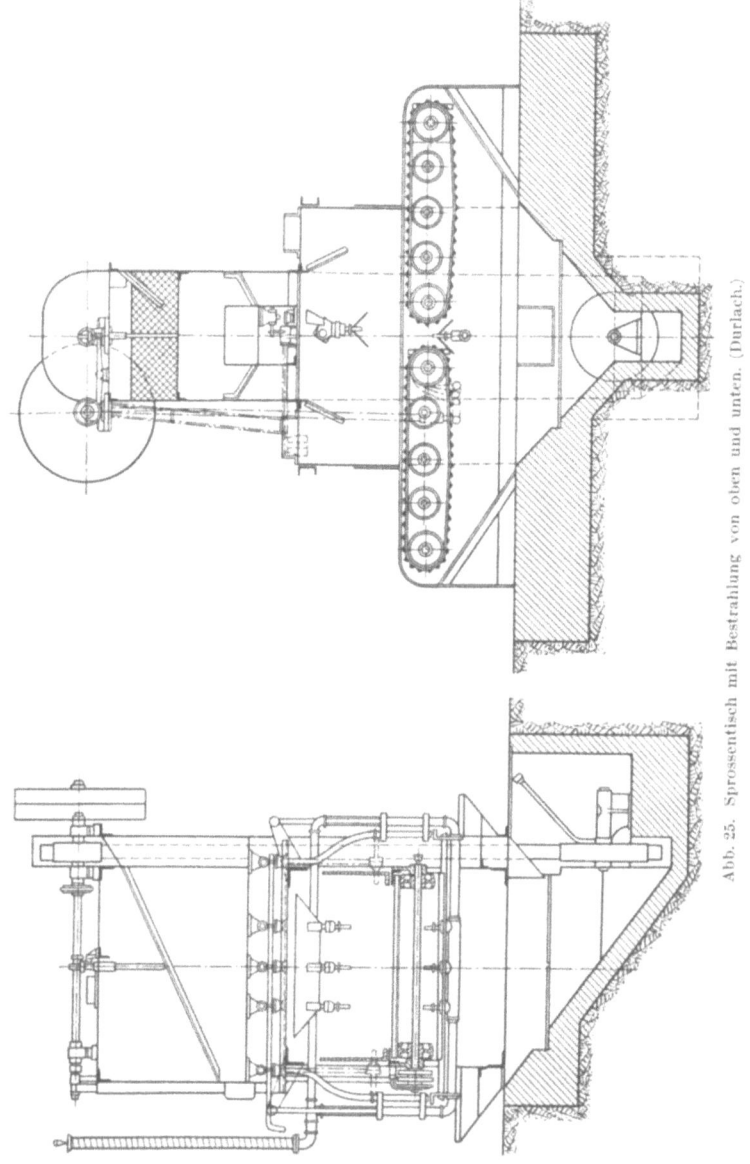

Abb. 25. Sprossentisch mit Bestrahlung von oben und unten. (Durlach.)

tische hergestellt, von denen manche ganz geschlossen sind und nur zum Beschicken und Entleeren geöffnet werden müssen.

Eine besondere Erwähnung verdienen die von der Badischen Maschinenfabrik Durlach hergestellten Drehtische mit einer von Hand geführten an einem Schlauch aufgehängten Freistrahldüse zum Reinigen mittelgroßer Stahlgußstücke sowie von Graugußstücken mit vielen Kernen und mit hohen oder unterschnittenen Seitenwänden. Sie sind eine beachtliche Lösung des Problems, Arbeiten, die wegen ihrer schwierigen Ausführbarkeit nur mit Freistrahl verrichtet werden konnten, in einem staubfrei arbeitenden Apparat vorzunehmen. An der freien Tischfläche (zu vgl. Abb. 24) steht ein Arbeiter der die Stücke wie bei den anderen Drehtischen auflegt, wendet und abnimmt. Auf

Abb. 26. Rollentisch. (Gutmann.)

der gegenüberliegenden Seite führt ein zweiter Arbeiter durch die Handlöcher K die an dem Gummischlauch B freibewegliche Strahldüse C. Er beobachtet die Arbeit durch das breite Schaufenster J, rechts und links davon sind abgeblendete Scheinwerferlampen angebracht, welche die Arbeitsstelle gut beleuchten.

d) Transporttische.

Die Transporttische mit gradliniger Bewegung dienen zur Bearbeitung von langen, breiten, plattenförmigen und sehr schweren Gegenständen, die auf Drehtischen nicht mehr bearbeitet werden können. Das Prinzip der Staubverhütung ist das gleiche wie bei den Dreh-

Sandstrahlapparate. 27

tischen. Die Strahldüsen arbeiten in einem geschlossenen, mit Staubluftabsaugung versehenem Gehäuse. Die beiden Durchgangsöffnungen für die Arbeitsstücke werden ebenso wie bei den Drehtischen durch streifenartig

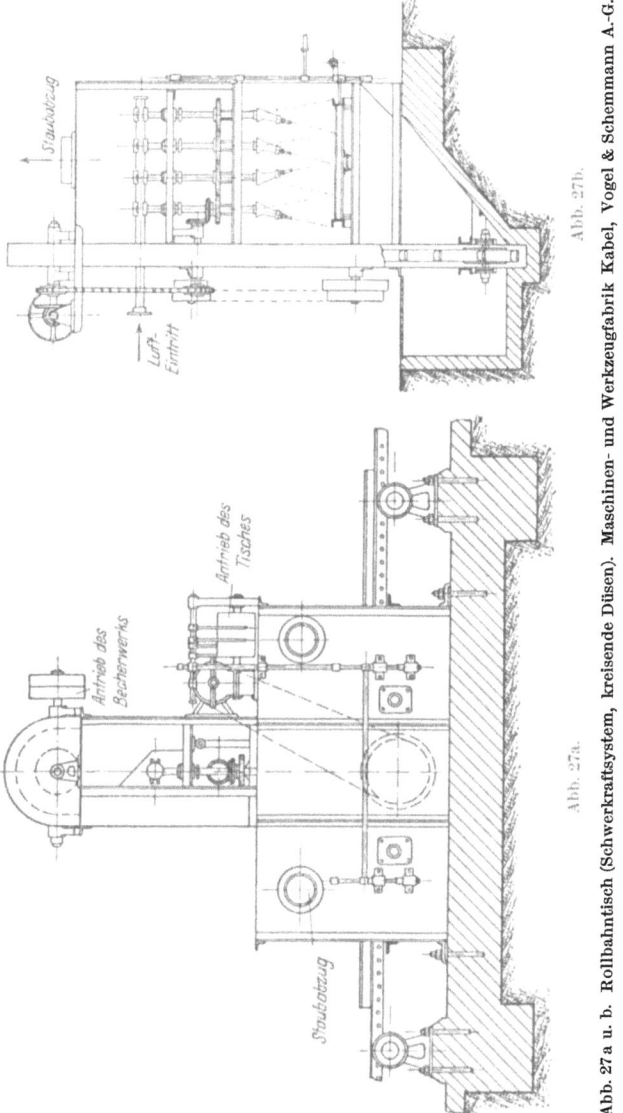

Abb. 27 a u. b. Rollbahntisch (Schwerkraftsystem, kreisende Düsen). Maschinen- und Werkzeugfabrik Kabel, Vogel & Schemmann A.-G.

geteilte Gummivorhänge, die einfach oder doppelt sein können, möglichst abgeschlossen. Die den Tischbelag tragenden und bewegenden Teile werden so angeordnet, daß sie vom Sandstrahl nicht getroffen werden können. Die Düsen arbeiten nach dem Druck- oder Schwerkraftsystem und sind fest oder mechanisch bewegt. Wenn auch die Staubverhütung bei allen Transporttischen in der gleichen Weise erfolgt, so hat doch die Anpassung an die Eigenart der zu bearbeitenden Gegenstände zu verschiedenen Konstruktionen geführt, die man in die drei Gruppen Sprossentische, Rollentische und Rollbahntische einteilen kann.

Die Sprossentische bestehen aus angetriebenen endlosen Ketten oder Gummibändern, an denen die eisernen Sprossen befestigt sind. Sie dienen namentlich zur Bearbeitung von flachen, länglichen und

Abb. 28. Blech-Entzunderungsmaschine.
Maschinen- und Werkzeugfabrik Kabel, Vogel & Schemmann A.-G.

plattenförmigen Stücken. Die Durchgangshöhe ist etwa bis 300 mm. Die Sprossentische können auch in der Länge geteilt sein, wobei die Bewegungsmechanismen so eingerichtet sind, daß für breite Stücke die beiden Hälften gleichlaufen, während für schmälere Stücke die Hälften entgegengesetzt laufen, damit auf dem einen Gang die eine Seite und auf dem entgegengesetzten Gang die andere Seite des Stückes abgeblasen wird. Die Bewegung erfolgt meist so langsam, daß die Arbeitsstücke während des Ganges aufgelegt, gewendet und abgenommen werden können. In der Regel werden die Stücke nur von oben bestrahlt. Der Sprossentisch Abb. 25 besitzt dagegen auch von unten blasende Düsen, was durch die Teilung in zwei Sprossentische ermöglicht wird. Die Maschinenfabrik Durlach stellt auch einen Sprossentisch mit zwei von Hand zu führenden pendelnd aufgehängten Strahldüsen an zwei Blasstellen her.

Die tragenden und zugleich bewegenden Teile der Rollentische sind fest gelagerte Rollen, die gemeinsam angetrieben werden. Die Rollentische dienen zum Entzundern von Walzeisen aller Arten. Die Abb. 26 läßt die Einrichtung der Rollentische erkennen.

Abb. 29. Rohr- und Rundeisen-Entzunderungsmaschine. Alfred Gutmann A.-G. Ottensen-Hamburg.

Die Rollbahntische sind nach Art der Eisenhobelmaschinen gebaut. Ein Tisch, dessen Abdeckung aus auswechselbaren Rosten besteht, bewegt sich auf mehreren Tragrollen hin und her, wozu ein Wechselgetriebe dient, das selbsttätig mittelst verstellbarer Anschläge am Tisch oder auch von Hand umgeschaltet wird. Die Rollbahntische dienen zum Bestrahlen von Gußstücken aller Art insbesondere großer flacher wie Pianoplatten, Maschinengestelle, Drehbankbetten. Sie werden auch für große Belastungen bis zu 6000 kg gebaut, da die Arbeitsstücke mit Hilfe von Kranen aufgelegt, gewendet und abgenommen werden können. Abb. 27 zeigt einen Rollbahntisch im Schnitt.

30   Die technischen Schutzmaßnahmen.

5. Apparate und Einrichtungen für besondere Zwecke.
a) Blechentzunderungsmaschinen.

Die Blechtafeln werden auf angetriebene Tragrollen aufgestellt und stehend an den in einem mit Abzug versehenen Gehäuse befindlichen schwingenden Blasdrüsen vorbeigeführt. Der Eintritts- und Austrittsschlitz sind durch lippenartig angeordnete Gummiplatten abgeschlossen. Die Maschinen werden in der Regel für Bleche bis 2 m Breite gebaut. Abb. 28 enthält die Ansicht einer Maschine für einseitige Bestrahlung. Es können aber auch Maschinen für die gleichzeitige Bestrahlung beider Seiten hergestellt werden.

Abb. 30. Einrichtung zum Reinigen von Akkumulator-Plattenfahnen in der Akkumulatorenfabrik in Hagen i. W. Ausgeführt von Alfred Gutmann A.-G. Ottensen-Hamburg.

b) In den **Rohr- und Rundeisenentzunderungsmaschinen** (Abb. 29) werden Rohre und Rundeisen bis etwa 125 mm Durchmesser maschinell so durch den Blaskasten geführt, daß sie gleichzeitig vorwärts bewegt und um die eigene Achse gedreht werden.

c) Für die **Reinigung von Akkumulator-Plattenfahnen** ist die Einrichtung Abb. 30 gebaut worden. Die Platten werden durch einen auf Walzen laufenden endlosen Gurt bewegt und bei einem Durchgang zugleich auf beiden Seiten beblasen, so daß die Arbeiter nur die Platten auf der einen Seite auf den Transportgurt zu legen und auf

Apparate und Einrichtungen für besondere Zwecke. 31

der anderen Seite von ihm abzunehmen haben. Das Gehäuse ist selbstverständlich in diesem Falle besonders dicht hergestellt. Die freibleibenden Stellen des Eingangs- und Ausgangsschlitzes sind so klein, daß die Geschwindigkeit der nachströmenden Luft genügend groß ist, um den Austritt von Staub zu verhindern.

d) Einrichtung zur Reinigung von Lokomotiv-Langkesseln.

Zum Reinigen der Lokomotiv-Langkessel vom anhaftenden Kesselstein ist auf Anregung des Oberbaurates Pontani von der Firma Gutmann eine selbsttätige Reinigungsanlage entwickelt worden, die in sämtlichen Reichsbahn-Ausbesserungswerken der Deutschen Reichsbahn-Gesellschaft mit bestem Erfolg Anwendung findet. Die Abb. 31, 32 und 33

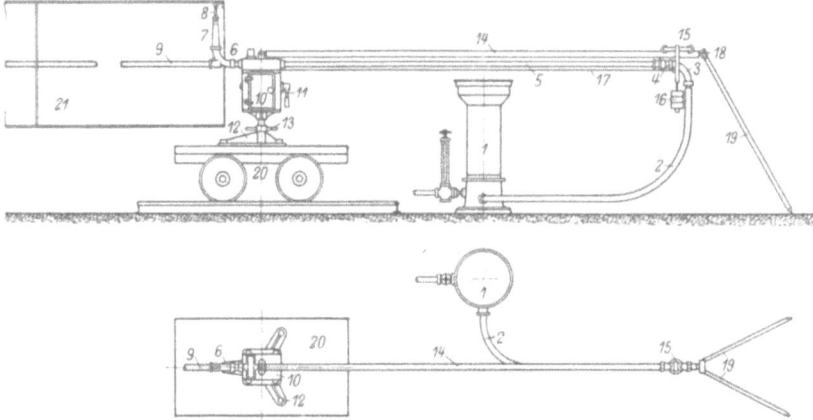

Abb. 31. Sandstrahlgebläse für Lokomotivkessel. 1. Gebläse Alpha b; 2. Gummischlauch; 3. Krümmer; 4. Stopfbüchsen-Verbindung; 5. Sandstrahlrohr, rotierend und geführt; 6. Krümmer mit Führungswellennabe; 7. Düsenrohrhalter; 8. Düsenrohr; 9. Führungswelle; 10. Antriebsgehäuse; 11. Einrückhebel; 12. Fuß zum Antriebsgehäuse; 13. Flügelmutter für die Höhenstellung; 14. Laufbahn; 15. Führungswagen; 16. Stabilitätsgewicht; 17. Transportseil; 18. Kreuzgelenk; 19. Stützen; 20. Bahnmeisterwagen; 21. Lokomotivkessel.

lassen die Einrichtung erkennen. Bei ihr (Abb. 31) steht der Kessel fest, während der Sandstrahl mit der Düse (8) und dem Düsenrohr (7) von dem Antriebsmechanismus (10) um die Achse (9) gedreht oder hin- und hergeschwenkt wird. Der Antrieb (10) bewirkt jedoch nicht allein diese Bewegung der Düse, sondern bewegt das Sandzufuhrrohr (5) mit dem Düsenapparat (7 und 8) und dem Stützrohr (9) langsam in der Längsrichtung des Kessels vorwärts. Umdrehungsgeschwindigkeit und Vorschub der Düse lassen sich so einstellen, daß nach dem Durchgang durch den Kessel dieser von den anhaftenden Kesselsteinrückständen befreit ist. Die Staubabsaugung geschieht in einfachster Weise durch Verbindung des Absaugeventilators der Anlage mit dem oben offenen Domansatz, nachdem selbstverständlich die übrigen offenen Stellen des Kessels durch Vorhängen von Tüchern bzw. durch Abdichten mit Brettern geschlossen worden sind. Irgendwelche Staubentwicklung tritt nicht auf.

Ganz abgesehen von der größeren Arbeitsersparnis bei dem selbsttätigen Verfahren gegenüber dem früheren Kesselsteinabklopfen von Hand und der Vermeidung jeglicher gesundheitlichen Schädigung, ist

Abb. 32. Reinigungsanlage für Lokomotiv-Langkessel. (Gutmann.)

Abb. 33. Reinigungsanlage für Lokomotiv-Langkessel. (Gutmann.)

als Vorteil dieser Anlage noch besonders zu buchen, daß die Kesselwände durch den Sandstrahl gegenüber der Handarbeit außerordentlich geschont werden.

e) Putzhäuser für große Hohlkörper.

Eine besondere Würdigung verdient die Bearbeitung sehr großer, sperriger und schwerer Körper, namentlich der Hohlkörper. In diesem Falle macht die Lösung der Frage, wie man die mit der Putzarbeit betrauten Leute und die Umgebung vor dem zurückprallenden Sand und der schädlichen Staubluft schützen soll, oft nicht geringe Schwierigkeiten. Man greift dabei in erster Linie zurück auf die bei der Bearbeitung kleinerer Stücke bewährten Putzhäuser oder Blaskammern mit Einrichtungen zur mechanischen Entfernung des schweren Sandes und Abzugs- oder Absaugungsvorrichtungen für den schwebenden Sandstaub. Es kommt aber hier besonders darauf an, Methoden zu finden, die Kammern einerseits tunlichst klein zu halten, um die Absaugung möglichst wirksam zu gestalten und nicht zu kostspielig werden zu lassen, und andererseits die zu bearbeitenden Körper trotz ihrer Schwere und Sperrigkeit möglichst leicht in die Kammer einbringen und soweit erforderlich, darin wenden und drehen zu können. Bei sehr großen Kammern macht die Abdichtung der Wände und namentlich der Zugangsöffnungen Schwierigkeiten und es kommt da sehr auf die richtige Anlage und Führung des Frischlufteintritts und der Abluftkanäle an, wenn man eine wirksame Entstaubung erzielen will. Muß der Arbeiter in der Kammer selbst arbeiten, so ist natürlich außer der völlig deckenden Schutzkleidung der Schutzhelm mit Frischluftzuführung nicht zu entbehren. Schon um häufigere Unterbrechungen der Arbeit und Ablösungen zu vermeiden, muß man natürlich alles tun, um die Arbeit unter dem Helm erträglich zu machen. Dahin gehört, daß die dem Helm zugeführte Frischluft durch gute Filter gereinigt und durch Ölabscheider von den aus dem Kompressor stammenden Ölspuren befreit und wenn nötig gekühlt wird. Wo es irgend möglich ist, versucht man aber, den Arbeiter aus der Kammer selbst zu befreien und ihn so aufzustellen, daß er der unmittelbaren Einwirkung des umherspritzenden Sandes und des Staubes gar nicht ausgesetzt ist. Man stellt ihn hinter eine die eigentliche Blaskammer möglichst gut abschließende Schutzwand, in der in Augenhöhe eine Reihe meist durch Glas- oder Cellonscheiben verschlossener Schauöffnungen angebracht ist, so daß man das Werkstück in der Blaskammer genau übersehen kann. In Armhöhe des Arbeiters hat die Schutzwand eine niedrige aber sehr breite Öffnung, die durch einen beweglichen Schutzvorhang aus Leder oder starkem Segeltuch verdeckt ist. In diesem Vorhang sind außer einer Öffnung für den Sandzuführungsschlauch zwei Öffnungen angebracht, durch die der Arbeiter seine Arme steckt, um mit den Händen, die natürlich in Schutzhandschuhen stecken, das Mundstück mit der Sandstrahldüse innerhalb der Blaskammer vor dem Werkstück hin und her bewegen zu können, wie es die Arbeit erfordert. Ein gutes Beispiel für diese Arbeitsweise bietet das in der Abb. 34 in der Außenansicht dargestellte und in der Konstruktionsskizze Abb. 35 in Grundriß und Querschnitt, sowie Frontansicht wiedergegebene Putzhaus, das vor-

34   Die technischen Schutzmaßnahmen.

nehmlich zur Innenbearbeitung gußeiserner Badewannen dient und sich in längerer Praxis bewährt hat. Da sehen wir den bekannten aus Rosten bestehenden Drehtisch, der nun aber nicht als Auflage dient,

Abb. 34. Blaskammer zur Innenbestrahlung von Badewannen mit mechanisch bewegtem Arbeitsstück.

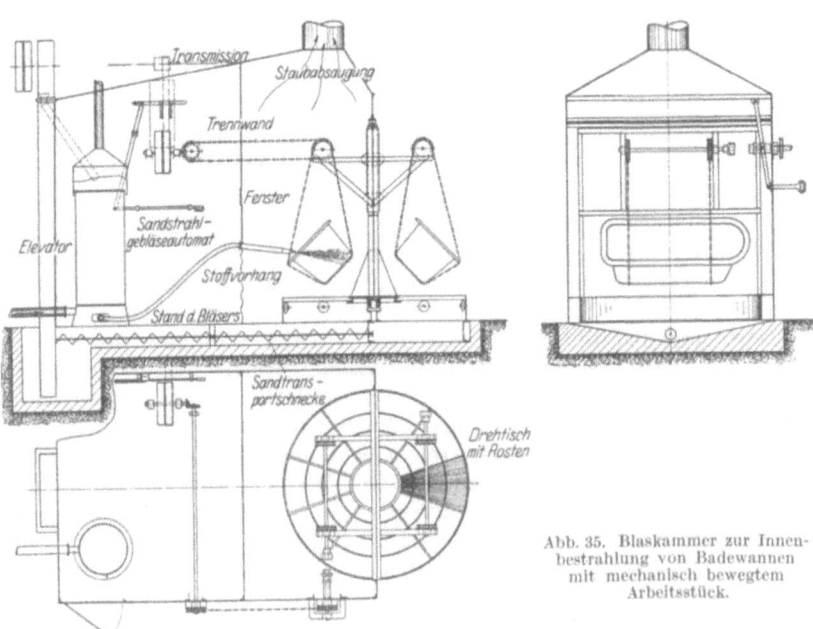

Abb. 35. Blaskammer zur Innenbestrahlung von Badewannen mit mechanisch bewegtem Arbeitsstück.

sondern ein Gerüst trägt mit Rollen, an denen in Ketten leicht beweglich das zu bearbeitende Werkstück hängt. Außerdem trägt der Drehtisch eine Wand aus Blech, die, ähnlich der Drehtür eines Cafés, die Kammer nach außen hin abschließt, wenn das neue Werkstück in die Kammer eingeschwenkt wird. Der Arbeiter steht in dem Blashause vor der Innenwand der Blaskammer, die in Augenhöhe die erforderlichen Fensteröffnungen trägt und führt das Schlauchmundstück mit den Händen, die er durch den Vorhang hindurchgesteckt hat. Will er sein Werkstück wenden, so rückt er den mechanischen Antrieb der Kettentragrollen ein. Im übrigen sieht man in der Skizze Abb. 35 oben in der Decke der Blaskammer das Absaugrohr für den Sandstaub und unten im Boden die Schnecke, die den niederfallenden Sand einem Elevator und durch diesen dem Sandstrahlgebläse zur Vermischung mit dem Frischsand wieder zuführt. Ganz staubfrei ist der Arbeitsplatz des Arbeiters natürlich nicht, weil der Vorhang in der Trennwand keinen dichten Abschluß bildet. Außerdem ist das Arbeiten hinter und unter der Fensterwand auch ziemlich beschwerlich, einmal weil das Halten des Strahlmundstücks und seine Führung eine ziemliche Kraftanstrengung erfordert und ferner, weil der Sprüh- und Schwebestaub in der Blaskammer die Sicht auf das Werkstück stark beeinträchtigt und endlich, weil sich die Glasfenster unter der Einwirkung zurückprallender Sandkörner schnell trüben. Die Glasfenster müssen deshalb auch sehr oft ausgewechselt werden, trotzdem man sie durch sinnreiche Vorkehrungen aller Art so weit wie möglich zu schützen sich bereits bemüht hat.

Weit schwieriger noch als die eben geschilderte Bearbeitung von Badewannen und dgl. gestaltet sich die Sandstrahlbearbeitung großer Hohlkörper von rundem oder rechteckigem Querschnitt, also von Bassins, Bottichen, großen Eisenfässern sogenannten Tanks und dgl. meist aus Flußeisen, die zur Vorbereitung für die Emaillierung, Verzinnung, Verzinkung oder dgl. außenseitig oder in der Hauptsache innenseitig geblasen werden müssen, wobei es auf eine sehr sorgfältige Arbeit ankommt, weil kleine Fehlstellen das ganze Stück unbrauchbar machen. Handelt es sich um allseitig geschlossene Gefäße, so müssen sie natürlich durch das enge Mannloch befahren werden und die ganze Arbeit muß in dem allseitig umschlossenen engen Raume des Hohlkörpers vorgenommen werden. Eine derartige Tätigkeit in Schutzkleidung und Schutzhelm mit Glasfenstern, stark behindert durch die verschiedenen Zuleitungsschläuche, die Sandstrahlleitung, die Frischluftzuleitung für den Helm und das Lichtkabel, bei sehr starker Lichtquelle längere Zeit mit Sorgfalt ausgeübt, stellt wohl die schwerste Arbeit dar, die es auf diesem Gebiete gibt. Alles was oben über die Maßnahmen zur Erleichterung der Arbeit unter dem Schutzhelm gesagt wurde, gilt hier in besonderem Maße. Sorgfältig muß auf gute Filterung, Entölung und Kühlhaltung der Frischluft geachtet und diese als Luftschleier von oben über das Gesicht herabgeführt werden, damit der feine Staub nicht in die Atemluft vordringen kann. Durch Einstecken eines Staubabsaugerohrs von möglichst großem Querschnitt in das

Mannloch muß man für ständige, wirksame Beseitigung des Staubes sorgen, der auch die Sicht bei zunehmender Dichte stark behindert. Der verbrauchte Sand muß von Zeit zu Zeit aus dem Hohlkörper von Hand beseitigt werden, weil die Absaugung nicht gelingen will. Übrigens müssen auch die Strahldüsen, die sich sehr schnell abnutzen, und die Glasfenster des Schutzhelms häufig erneuert werden, was bei der oft langwierigen Arbeit sehr stört. Manche dieser Arbeiten dauern sogar bis zu 3 und 4 Stunden. Man läßt deshalb zwei Leute in gemeinsamem Akkord miteinander arbeiten, damit sie sich gegenseitig ablösen können. Da die Hälfte einer Arbeitsschicht von 8 Stunden im allgemeinen auf die Transport- und Einrichtungsarbeiten entfällt, kommt dann der einzelne Mann auf höchstens 2 Stunden eigentliche Blasarbeit in der Schicht. Trotzdem müssen Sandstrahlbläser, die derartig anstrengende und angreifende Innenarbeit verrichten, wenigstens jeden dritten Monat abgelöst und dann mit anderen Arbeiten, wie reinen Transportarbeiten, Zusammenbau der Behälter und dgl. tunlichst in frischer Luft beschäftigt werden, damit sie vor Gesundheitsschädigungen bewahrt bleiben. Es bedarf wohl keines Hinweises, daß nur solche Leute für diese Blasarbeit verwendet werden dürfen, die nach ärztlicher Bestätigung genügend gesund und widerstandsfähig sind. Auch erscheint eine laufende ärztliche Überwachung dieser Leute angebracht. Die Blasarbeit, auch wenn sie Innenarbeit ist, muß in Blaskammern vorgenommen werden, die mit Staubluftabsaugung und Sandabzugseinrichtungen versehen sind, und die dem Umfang der Werkstücke ensprechend sehr groß sein müssen. Das Einbringen erfolgt auf niedrigen Loren, auf denen man den Hohlkörper während der Arbeit liegen läßt. Um die unangenehme Innenarbeit nach Möglichkeit abzukürzen, unterzieht man die einzelnen Teile der Hohlkörper vor der Zusammenfügung, also vor dem Verschweißen oder Verschrauben und Vernieten, dem sogenannten Vorblasen, einer Vorarbeit, die auch wieder in der Blaskammer, zwar unter etwas weniger ungünstigen Umständen erfolgt, aber immerhin unter dem Schutzhelm vorgenommen werden muß, weil sich das Arbeiten hinter einer Schutzwand, wie sie weiter oben beschrieben wurde, wegen der großen Abmessungen und aus anderen Gründen hier nicht anwenden läßt, wenn Ringstücke und Böden mit einem Durchmesser von 2 bis 3 m und darüber oder entsprechende Stücke von rechteckigem Querschnitt zu bearbeiten sind. Durch das Vorblasen kann man die Innenarbeit bis auf die Hälfte und mehr abkürzen. Es ist nun neuerdings gelungen, die Arbeitsverhältnisse in derartig großen Blaskammern gegen früher wesentlich zu verbessern und zwar durch geeignet angeordnete und ausgebildete Frischluftzuführung und Staub- und Sandbeseitigung. An Hand von Abbildungen sehr großer Kammern dieser Art, wie sie ein bekanntes Eisenhüttenwerk in vorbildlicher Form vor kurzem geschaffen hat, soll dies gezeigt werden. In der Abb. 36 sieht man die gemauerten Kammern von außen. Wie außerordentlich die Abmessungen sind, erkennt man an dem Bilde des Arbeiters, der in seiner Schutzkleidung mit dem Schutzhelm neben

Apparate und Einrichtungen für besondere Zwecke. 37

einem Tank steht, der gerade in die Kammer eingefahren wird. Die
großen eisernen Flügeltüren, die dicht schließende Verschlußeinrich-

Abb. 36. Gemauerte Blaskammer für große Hohlkörper. Außenansicht.

tungen tragen, sind weit geöffnet. Ihre Auflageflächen tragen starke
Filzdichtung, die den Staubaustritt aus den Kammern wirksam ver-

Abb. 37. Gemauerte Blaskammer für große Hohlkörper. Innenansicht.

hindert. Hinter dem Hohlkörper sieht man, am Kran hängend das
Teilstück eines eisernen Tanks, einen „Boden", der vorgeblasen wer-

38   Die technischen Schutzmaßnahmen.

den soll. Die Abb. 37 gewährt einen Einblick in die Kammer, die zum Schutz des Mauerwerks gegen den Sandstrahl innen mit Blech ausgekleidet ist. Unten sieht man den Rost, durch den der Sand in einen Abzugstrichter hineinfällt. Dahinter aber, also in der Seitenwand der Kammer wird die Staubsabsaugung erkennbar, die hier nahe über dem Boden erfolgt. Das hat den Vorzug, daß der Arbeiter nun weniger der Staubluft ausgesetzt ist, besonders auch deshalb, weil die nachströmende Frischluft von oben durch die Kammerdecke zutritt. In der Abb. 36 sieht man an der vorderen geschlossenen Kammer

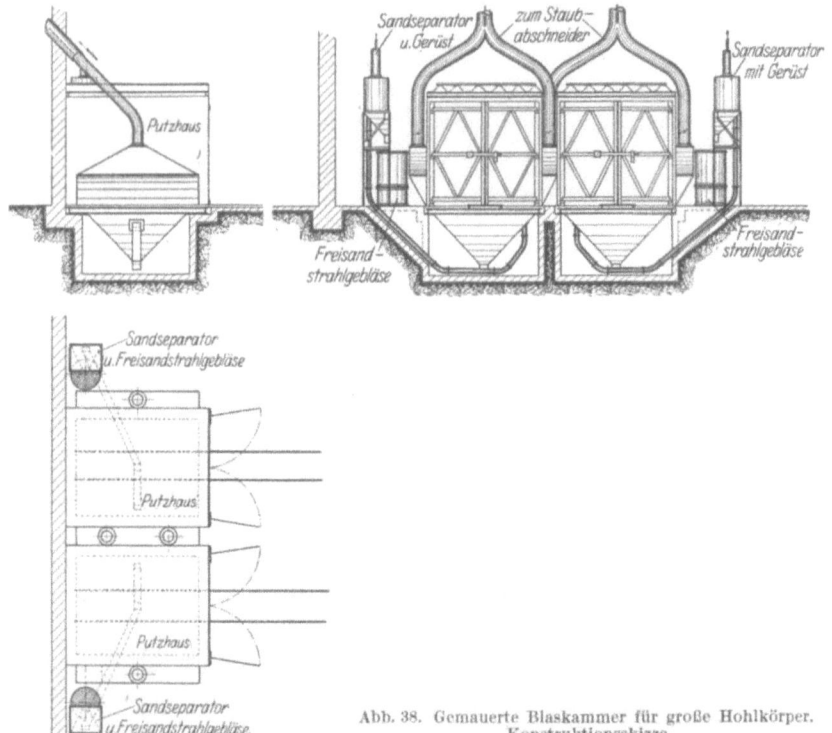

Abb. 38. Gemauerte Blaskammer für große Hohlkörper. Konstruktionsskizze.

rechts oben auf der Decke die jalusieartige Frischluftzuführung. Noch besser ist dies zu erkennen in der Konstruktionsskizze 38, wo man die Einrichtung auf der Decke über den Türen angedeutet findet und in der Konstruktionsskizze 39 ebenfalls in der Decke. Auf beiden vorgenannten Skizzen sieht man unter dem Boden der Kammer, also unter dem Rost den Trichter, in den der verspritzte Sand hineinfällt. Die Abführung erfolgt nun aber nicht durch eine Schnecke, sondern durch Saugluft in einem sehr sinnreichen Verfahren, das den schwersten Sand in die aus einem oberen Ansatzrohr kommende, schnell strömende Saugluft hineinfallen läßt, wodurch ihm sofort eine bedeutende Beschleunigung verliehen wird. Der Sand wandert dann in einen Separator, der neben der Kammer aufgestellt ist, von wo er, nach Ausscheidung der allzu feinkörnigen Bestandteile, also besonders des Staubes, in das Freisandstrahlgebläse zurückfließt, wo er sich mit Frischsand zu neuer Verwendung mischt. Beiderseits der Kammern sieht man in der Skizze sodann die Ansatzkästen für die Staubabsaugung mit anschließenden Rohrleitungen zur Ableitung der Staubluft in Filteranlagen, die außerhalb der Arbeitsräume liegen. So wertvoll diese Einrichtungen im Sinne einer Verbesserung der Arbeitsbedingungen auch sind, so ist man aber dabei nicht stehen geblieben, sondern hat sich bemüht, durch weitgehende Mechanisierung der Arbeitsvorgänge die Tätigkeit des Arbeiters in der Blaskammer ganz entbehrlich zu

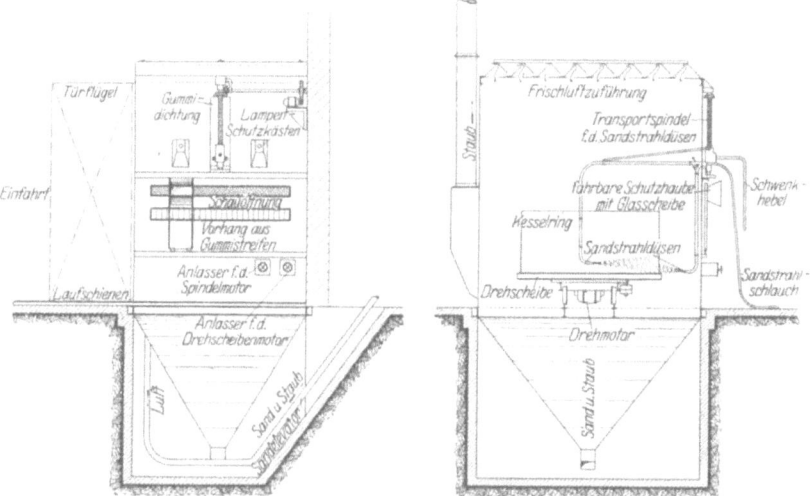

Abb. 39. Blaskammer für große Hohlkörper mit elektrisch bewegtem Arbeitsstück und elektrisch zu steuernder Strahldüse. Konstruktionsskizze.

machen. Die Bewegung des Werkstücks in der Kammer, wie auch die Bewegung und Führung der Sandstrahldüse erfolgt dabei in der Form, daß alles dies hier von dem hinter einem Schauglase außerhalb der Kammer stehenden Arbeiter elektrisch gesteuert oder durch Hebel betätigt wird. Durch starke Lichtquellen wird mit Scheinwerfern die jeweilige Arbeitsstelle auf dem Werkstück gut beleuchtet. Das Werkstück liegt auf einem auf dem Einfahrgleis stehenden Wagen, dessen Tragplatte sich mit Hülfe eines elektrischen Motorantriebs beliebig drehen läßt. Die Sandstrahldüse ist an einem Schwenkhebel befestigt, der in wagerechter Richtung verschiebbar ist und durch eine Spindel mit Schaltvorrichtung in senkrechter Richtung verstellt werden kann, so daß man durch entsprechende Kombination aller dieser Bewegungsmöglichkeiten alle Teile des Werkstücks mit dem Sandstrahl bequem bestreichen kann, gegebenenfalls auch durch mehrere Düsen zu gleicher

Zeit. Da man auch höhere Drücke für die Gebläseluft anzuwenden vermag, als im Handbetrieb, wo das Halten zu beschwerlich und der Schlauch zu unhandlich steif wird, kann man auf diese Weise die Blasarbeit auch beschleunigen. Mit dieser Apparatur gelingt es auch, die Arbeit so weit zu verselbständigen, daß der Arbeiter nur noch das Werkstück, die Düsen und die Schaltgänge richtig einzustellen braucht und dann die verschiedenen elektrisch betätigten Bewegungen einschaltet. Er braucht sich dann nur zeitweise von dem ordnungsmäßigen Gang der Apparatur zu überzeugen und die Arbeit durch das Schauglas nachzuprüfen. Damit ist dann das Ziel erreicht: bis auf eine kurze Nacharbeit von Hand braucht der Arbeiter nicht mehr all den Beschwerlichkeiten und Mißständen, die mit der Handarbeit beim Sandstrahlblasen verbunden sind, ausgesetzt zu werden. Die Abb. 40 läßt die Anbringung der Apparatur außen an der Kammer erkennen. Das hohe Gerüst hinter der Apparatur trägt den Sandseparator und unten das Sandstrahlgebläse. Ganz deutlich veranschaulicht die Konstruktionsskizze Abb. 39 die Gesamtapparatur für das mechanische Blasverfahren: den Wagen mit Drehtisch, auf dem ein Ringstück zur Bearbeitung liegt, die Schwenkdüse, die Spindel für die senkrechte Bewegung der Düse, das Schauglas, das in wagerechter Richtung verschiebbar ist usw.

Abb. 40. Blaskammer für große Hohlkörper mit elektrisch bewegtem Arbeitsstück und elektrisch zu steuernder Strahldüse. Vorderansicht.

Leider beschränkt sich dieses Verfahren einstweilen nur auf das Vorblasen und die Gesamtbearbeitung offener Behälter. Für die Innenarbeit in geschlossenen Gefäßen fehlt es bisher noch fast völlig an Ansätzen zu einer Mechanisierung. Trotzdem gehen aber die Bemühungen, eine praktische Lösung für dieses schwierige Problem zu finden, weiter.

6. Entstaubungsanlagen.

Bei den Arbeiten mit Freistrahlgebläsen im Freien ist ein Schutz der Umgebung gegen den feinen Staub kaum ausführbar und in den meisten Fällen entbehrlich. Dagegen ist bei den Arbeiten in Werkstätten und zwar sowohl mit Freistrahl als auch in Apparaten die Umgebung der eigenen Anlage und die Nachbarschaft vor dem Staub zu schützen. Diese Aufgabe fällt den Entstaubungsanlagen und Staubabscheidern zu. Diese Einrichtungen bei den Sandstrahlgebläsen unterscheiden sich in den Grundzügen nicht von den sonstigen zahlreich gebrauchten Entstaubungsanlagen und Staubabscheidern und es ist daher hier nur auf das Wesentlichste und für die Sandstrahlgebläse Besondere einzugehen.

In einigen wenigen Fällen, so bei dem in Abb. 17 wiedergegebenen Blasgehäuse, erfolgt die Staubabsaugung durch Luft- oder Dampfejektoren. Dies ist aber nur dort angängig, wo die Staubluft durch kurze Leitungen unmittelbar ins Freie geblasen werden kann, da der Druck dieser Gebläse nicht stark genug ist, die Luft durch Staubabscheider zu treiben.

In den allermeisten Fällen wird die Luft durch Flügelradexhaustoren abgesaugt und nach einer mehr oder minder gründlichen Befreiung vom Staub ins Freie befördert. Die zur Fortführung des Staubes erforderliche Luftmenge hängt von der Größe und noch mehr von der Art der Sandblaseinrichtung ab. Je geschlossener die Einrichtung ist, desto weniger Luft genügt zur Erfassung und Fortbewegung des Staubes. Für den Kraftbedarf des Exhaustors kommen außer der Luftmenge noch die Widerstände in den Leitungen und in den Staubabscheidern in Betracht. Bestimmte Zahlen lassen sich bei der großen Verschiedenheit der Größe und Ausführung der Apparate und Anlagen schwer geben. Die folgenden von ausgeführten Anlagen stammenden Daten seien als ungefährer Anhalt mitgeteilt.

Art der Einrichtung	Erforderliche Luftmenge in cbm in der Minute	Kraftbedarf in P.S.
Drehtrommel der üblichen Größe	30—35	etwa 1
Sprossentisch von 4 qm Tischfläche ...	70—100	2—3
Rohlbahntisch von 4 qm Tischfläche ...	70—100	2—3
Drehtisch der üblichen Größe	80—100	2—4
Putzhaus von etwa 17 qm Bodenfläche ..	160—220	4—8
Putzstand von etwa 9 qm Rostfläche ...	180—250	5—9

Als weiterer Anhalt diene die folgende dem Musterbuch der Firma Gutmann entnommene Tabelle der Exhaustoren (siehe S. 42/43).

Die Einführung der Sandstrahlgebläse und der damit verbundenen Entstaubungsanlagen in den Eisengießereien hat die erfreuliche Wirkung gehabt, daß auch die Schmirgelscheiben und die Tische, an denen Guß von Hand geputzt wird, mehr und mehr mit Staubabsaugung versehen werden und ein leistungsfähigerer Exhaustor, als für die Sandstrahlapparate erforderlich wäre, gewählt wird. So wurde z. B. in einer Anlage mit einem Drehtisch und zunächst zwei Doppelschmirgelscheiben ein Mitteldruckexhaustor von 8 PS. aufgestellt.

Zur Zurückhaltung des in dem Luftstrom fortgeführten feinen Sandes

42   Die technischen Schutzmaßnahmen.

Größe Nr.	0	2
Flügelrad-Durchmesser . . . . mm	280	320
Anschlußstutzen-Durchmesser . . . . mm	145	190
Durchmesser der Riemenscheibe. . . mm	50	100
Breite der Riemenscheibe. . . . . . mm	75	75
Umdrehungen pro Minute	1500—1800	1600—2000
Leistung pro Minute . . . . cbm	8—10	15—20
Kraftbedarf etwa. . . . . PS.	0,3—0,5	0,5—1,2
Gewicht etwa . . . . kg Netto	45	70

und gröberen Staubes werden vor den Exhaustoren Sandfangkasten oder Staubkammern, wie sie als Beispiel Abb. 41 zeigt oder die wirksameren Zentrifugal-, Sand- und Staubabscheider eingeschaltet. Die Einrichtung eines solchen Abscheiders der Firma Durlach ist in

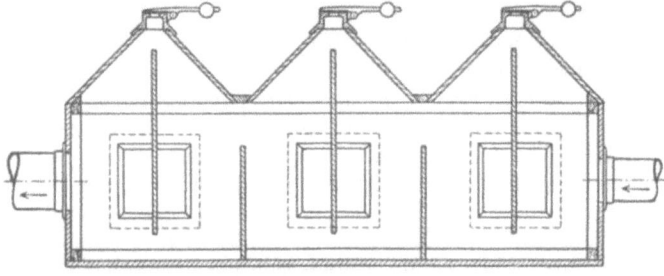

Abb. 41. Staubfangkammern.

Abb. 42 dargestellt. Die Staubluft tritt durch den Stutzen 5 in den vom inneren Mantel 2 umschlossenen Raum tangential ein und wird durch das Leitblech 4 gezwungen, sich kreisend um das Blechrohr 1 zu

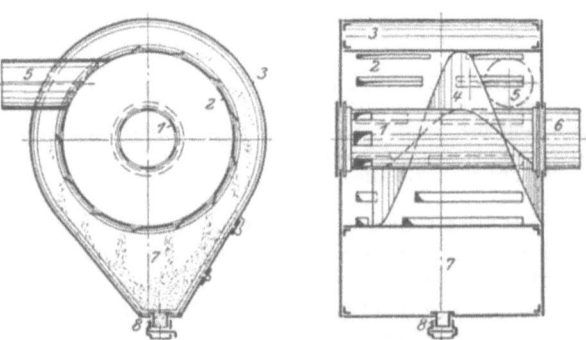

Abb. 42. Zentrifugalstaubabscheider. (Durlach.)

bewegen bis sie an die links ersichtlichen Öffnungen dieses Rohres gelangt, von wo sie durch den an den Stutzen 6 angeschlossenen Exhaustor abgesaugt wird. Beim Eintritt in den vom Mantel 2 umschlossenen Raum wird infolge des wesentlichen größeren Querschnittes die

3	4	5	6	8	9
400	500	600	700	780	1030
225	265	310	380	475	550
130	130	170	200	260	305
100	110	130	150	220	265
1350—1600	1200—1350	1000—1100	800—1000	700—950	600—900
25—35	40—55	50—65	90—115	140—190	200—350
1,2—2	1,5—2,5	2—3,5	3,5—5,5	4—9	5—16
100	175	260	375	900	1400

Geschwindigkeit der Luft vermindert. Der mitgeführte feinere Sand und die gröberen Staubteilchen behalten durch ihre größere Schwere die Geschwindigkeit bei, unterliegen infolge der kreisenden Bewegung der Zentrifugalkraft und werden an die im Mantel 2 angebrachten Schlitze geschleudert, durch welche sie in den zwischen Mantel 2 und 3 befindlichen, von einer merklichen Luftströmung nicht beeinflußten Raum gelangen, wo sie in dessen unteren Teil 7 fallen, aus dem sie von Zeit zu Zeit durch das Rohr 8 abgelassen werden.

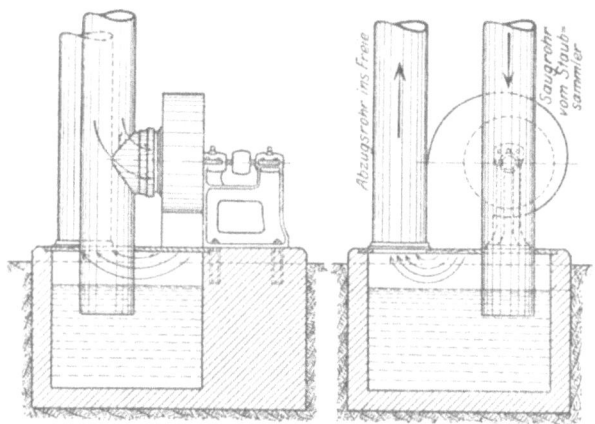

Abb. 43. Wassergrube zur Staubabscheidung.

Die feineren Staubteile, die im trockenen Luftstrom den Exhaustor nicht merklich angreifen, gehen vielfach mit durch den Exhaustor. In manchen Fällen, in denen nur das eigne Fabrikgelände von der noch staubigen Abluft getroffen wird, begnügt man sich mit einer solchen Reinigung der Luft. Wenn aber Nachbargrundstücke betroffen werden oder die Behörden eingreifen, sind weitere Staubabscheider anzuwenden und zwar Staubfilter, Zyklone oder nasse Staubabscheider, die ersteren meist vor, die Zyklone und nassen Staubabscheider meist hinter dem Exhaustor.

Die Zyklone und Staubfilter unterscheiden sich nicht von denen, die in zahlreichen anderen Industriezweigen gebraucht werden. Die

44 Die technischen Schutzmaßnahmen.

Staubfilter sind entweder schlauchförmig oder der Filterstoff wird in Rahmen eben eingespannt. Der Staub wird von den Filtern von Zeit zu Zeit meist maschinell abgeklopft und fällt in Trichter, aus denen er abgelassen wird. Die Filter sind wohl als die besten Staubabscheider anzusprechen. Die Firma Graue behauptet in ihren Prospekten, daß die durch ihre Staubabscheider gegangene Luft zu Belüftungszwecken verwendet werden könne.

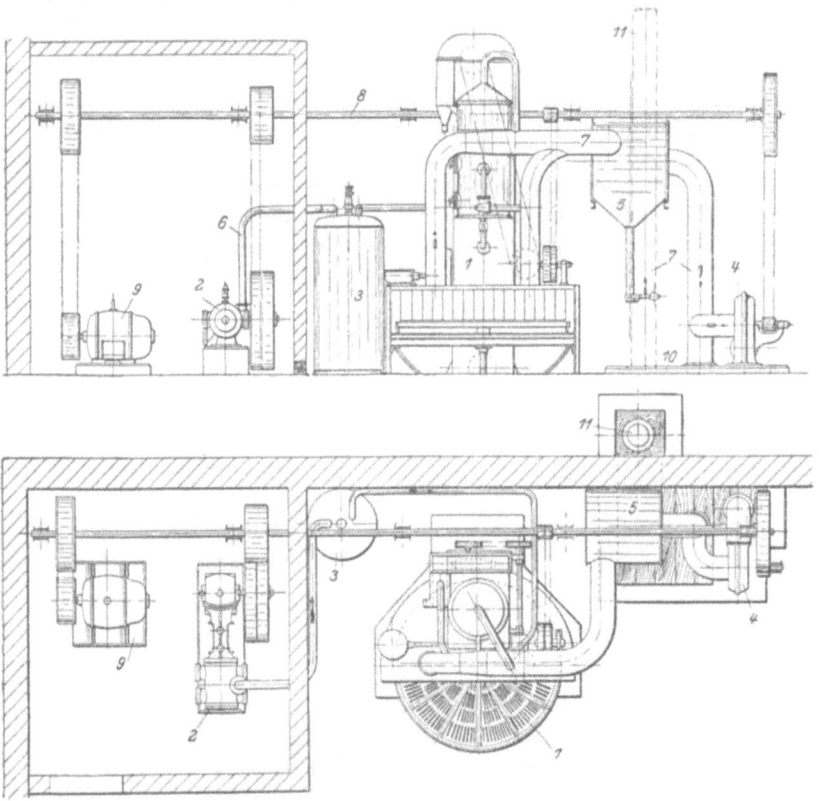

Abb. 44. Entstaubungsanlage eines Drehtisches. Hainholz.

Die meist hinter dem Exhaustor angebrachten nassen Staubabscheider sind entweder Wassergruben oder mit Wasserbrausen ausgestattete Luftwäscher. Solche bietet z. B. die Firma Gutmann an. Die Firma Kabel schaltet den nassen, in die erweiterte Wassergrube mit eingebauten Luftwäscher vor dem Exhaustor ein und läßt die nasse Luft vor ihrem Eintritt in den Exhaustor durch ein Filter von Kok oder dergleichen strömen, um sie bis zu einem gewissen Grade zu trocknen. Das Filter wird von Zeit zu Zeit mit Hilfe einer Ringbrause ausgewaschen. Hinter dem Exhaustor wird die Luft noch zur weiteren Reinigung in der Art, wie sie die Abb. 43 zeigt, in die

Wassergrube hineingeblasen. In dieser eine Wassergrube ohne Luftwäscher zeigenden Abb. 43 besitzt das Rohr 1, welches vom Zentrifugal-Staubsammler kommt und zum Exhaustor führt, eine Verlängerung nach unten, die lediglich durch das Wasser abgeschlossen ist. Diese Verlängerung hat den Zweck, die im Rohre herabfallenden Staubteilchen nicht mit in den Exhaustor gelangen, sondern in das Wasser fallen zu lassen. Der Exhaustor bläst die Luft auf den Wasserspiegel der Grube, wodurch die Staubteilchen vom Wasser zurückgehalten werden sollen. Durch das Abzugsrohr strömt die Luft ins Freie. Abb. 44 enthält einen Übersichtsplan der Entstaubungsanlagen eines Drehtisches im Grundriss und Aufriss. 5 ist der Zentrifugalstaubsammler, 4 der Exhaustor, 10 die Wassergrube, 11 das aus dieser ins Freie führende Rohr und 7 die Staubabsaugeleitung. Die übrigen Zahlen bezeichnen die Einrichtungen der Drehtischanlage: 9 den Elektromotor, 8 die Transmission, 2 den Kompressor, von welchem die Druckluft durch das Rohr 6 nach dem Windkessel 3 und von diesem zu den Sandstrahlgebläse auf den Drehtisch 1 strömt.

IV. Schluß.

Die vorstehende Arbeit ist, wie im Teil II gezeigt wurde, davon ausgegangen, daß die Sandstrahlgebläse geeignet sind, Schädigungen hervorzurufen. Das Maß und die Häufigkeit der Schädigungen zu ermitteln, war nicht die Aufgabe der Arbeit. Doch seien als Schlußbetrachtung der Frage: „Inwieweit hat die Einführung der Sandstrahlgebläse die gewerblichen Schädigungen, insbesondere die Staubgefahr für die Arbeiter vermehrt und vergrößert?" einige Worte gewidmet.

Eine Statistik der Gesundheitsschädigungen durch die Sandstrahlgebläse liegt nicht vor und wird schwer aufzustellen sein, weil die Arbeit an den Sandstrahlgebläsen wohl von den meisten Krankenkassen nicht als ein besonderer Beruf geführt wird. Deshalb folgen hier einige Beispiele aus Betrieben, die schon längere Zeit Sandstrahlgebläse benutzen. In solchen Betrieben sind die gleichen Arbeiter an Drehtrommeln, Drehtischen und Apparaten mit hin- und hergehenden Tischen seit vielen Jahren ohne Gesundsheitsstörungen ununterbrochen beschäftigt, so ein Arbeiter, der zwei Drehtrommeln bedient, 15 Jahre, ein Arbeiter an einem Drehtisch 27 Jahre und ein Drehtischarbeiter in einem andern Betrieb 15 Jahre. Aber auch von Arbeitern an Freistrahlgebläsen sind lange ununterbrochene Beschäftigungszeiten zu berichten. In einem Betrieb, der nur Freistrahlgebläse benutzt, üben die meisten Sandstrahlbläser ihre Tätigkeit seit 15 bis 20 Jahren aus. Angaben über die Zahl der Erkrankungen können von einer Eisen- und Stahlgießerei, die zum Gußputzen in der Eisengießerei Drehtrommeln und in der Stahlgießerei Freistrahlgebläse in Betrieb hat, aus den letzten drei Jahren mitgeteilt werden. In diesen drei Jahren wurden durchschnittlich 740 Mann, darunter 23 Sandstrahlbläser beschäftigt. Die letzteren

Schluß.

sind mit Staubhelm mit Frischluftzuführung ausgerüstet. Die Zahl der Erkrankten betrug durchschnittlich 35 im Jahr, darunter 2 Sandstrahlbläser. Von den gesamten Erkrankungen waren etwa 4% solche der Atmungsorgane.

Diese Stichproben sollen und können kein vollständiges Bild über die Staubgefahr der Sandstrahlgebläse geben. Sie widersprechen aber jedenfalls nicht der aus sonstigen Beobachtungen gewonnenen Ansicht, daß die Sandstrahlgebläse keine beachtliche Vermehrung der gewerblichen Staubgefahr herbeigeführt haben, wobei zu berücksichtigen ist, daß die Sandstrahlgebläse zumeist solche Arbeiten übernommen haben, die vorher in einer staubgefährlicheren Weise ausgeführt wurden: namentlich das Putzen von Guß aller Art mit Schaber und Drahtbürsten, sowie die Entfernung alter Farbenstriche und des Kesselsteins aus Lokomotivkesseln durch Hand. Auch die Ersetzung mancher Beizarbeiten durch die Sandbestrahlung ist oft in gesundheitlicher Hinsicht ein Fortschritt.

Was die Schädigungen durch Spritzsand betrifft, so kommen nach den Berichten der Berufsgenossenschaften Augenverletzungen bei Arbeitern, die keine Schutzbrille tragen, vor. Doch ist die Zahl solcher Unfälle nicht groß. Einer großen sich über ganz Deutschland erstreckenden Berufsgenossenschaft wurde in den letzten drei Jahren nur eine derartige Augenverletzung gemeldet.

Die nicht ungünstigen Erfahrungen dürfen indessen nicht davon abhalten, den Schutz der Arbeiter an den Sandstrahlgebläsen weiter auszugestalten. Hierbei werden außer der Beachtung der am Schlusse des zweiten Teiles angeführten allgemeinen hygienischen Maßnahmen namentlich die folgenden technischen Schutzmaßnahmen ins Auge zu fassen sein: die Anwendung des Stahlkieses an Stelle des Quarzsandes bei allen dafür geeigneten Arbeiten; möglichst weitere Verbesserungen der Staubschutzhelme; die Ersetzung der Freistrahlgebläse durch Sandstrahlapparate oder durch pendelnd aufgehängte, von Hand geführte Strahldüsen in geschlossenen Apparaten, wie solche bei den Dreh- und Sprossentischen erwähnt wurden, in allen möglichen Fällen und schließlich die Schaffung weiterer staubfrei arbeitender Sonderkonstruktionen für bestimmte Zwecke, wie solche im Abschnitt III 5 beschrieben wurden.

Mit dem Sandstrahl wird auf seinem Hauptanwendungsgebiet der Gußputzerei möglicherweise der unter hohem Druck erzeugte Wasserstrahl in Wettbewerb treten. Die angreifende Wirkung von Wasser, das sich genügend schnell bewegt, auf feste Körper ist ja bekannt. In Amerika wird seit einiger Zeit Guß mit Strahlen von Wasser, das keinen Zusatz erhält, geputzt. In Deutschland macht die Firma Lanz in Mannheim Versuche mit diesem Verfahren. (Vgl. Zeitschrift V. D. I. Jahrgang 1926 S. 240 und Jahrgang 1927 S. 1104).

MIX
Papier aus verantwortungsvollen Quellen
Paper from responsible sources
FSC® C105338

If you have any concerns about our products,
you can contact us on
ProductSafety@springernature.com

In case Publisher is established outside the EU,
the EU authorized representative is:
Springer Nature Customer Service Center GmbH
Europaplatz 3, 69115 Heidelberg, Germany

Printed by Libri Plureos GmbH
in Hamburg, Germany